淮阴工学院学术专著出版资金资助
淮安市双碳数智化创新重点实验室出版资金资助
江苏省住房城乡建设厅项目(2024ZD020)资助

基于遥感方法的作物地上生物量估算研究

冯学良　姚玉梅　唐　乐　陈　涛　著

中国矿业大学出版社
· 徐州 ·

内容提要

本书的主要研究目标是综合利用多源遥感数据构建生物量遥感监测模型，提高作物生物量的估算精度。针对目前生物量研究中存在的指数易饱和以及混合像元等问题，分别采用红边波段、时空数据融合、组合指数等研究方法，对小麦、玉米和水稻等作物生物量的估算进行了深入的研究，以此构建了多种生物量估算模型，并利用地面观测实验数据验证了模型的精度，从而为生物量高精度的反演提供依据。

本书可为农业和遥感相关专业的高等学校师生以及从事农田生物量研究的相关人员提供参考和借鉴。

图书在版编目(CIP)数据

基于遥感方法的作物地上生物量估算研究 / 冯学良等著. — 徐州 ：中国矿业大学出版社，2025. 4.

ISBN 978-7-5646-6773-3

Ⅰ. S5-39

中国国家版本馆 CIP 数据核字第 2025C6Y493 号

书　　名　基于遥感方法的作物地上生物量估算研究

著　　者　冯学良　姚玉梅　唐　乐　陈　涛

责任编辑　马晓彦

出版发行　中国矿业大学出版社有限责任公司

（江苏省徐州市解放南路　邮编 221008）

营销热线　(0516)83885370　83884103

出版服务　(0516)83995789　83884920

网　　址　http://www.cumtp.com　**E-mail**:cumtpvip@cumtp.com

印　　刷　江苏凤凰数码印务有限公司

开　　本　787 mm×1092 mm　1/16　**印张** 9.25　**字数** 177 千字

版次印次　2025 年 4 月第 1 版　2025 年 4 月第 1 次印刷

定　　价　40.00 元

前　言

粮食安全、能源安全和金融安全并称当今经济发展的“三大安全”问题，受到世界各国的高度重视。其中，粮食安全是人类生存发展面临的首要问题，它与社会和谐、政治稳定、经济持续发展息息相关，如何确保粮食安全已成为人类面临的一项重要课题。在我国，粮食安全始终是关系国民经济发展和社会稳定的全局性重大战略问题。确保粮食安全是实现国民经济又好又快发展的基础，也是促进社会稳定和谐的重要保障，同时还是确保国家安全的战略基础。粮食安全问题与农民收入增长问题、农村土地问题、农村社会事业发展问题和农民权益保护问题一起，是当前实现“中国梦”的核心之一。2024 年，国家采取系列措施调动农民种粮积极性，粮食产量再上新台阶，全年全国粮食总产量 14 130 亿斤（1 斤＝500 g），比 2023 年增加 222 亿斤，增长了 1.6%，粮食产量首次突破 1.4 万亿斤。但同时也应注意到，由于人口的增长和灾害的频繁发生，我国粮食安全也面临一定的挑战，而作物生物量与其产量的形成密切相关，生物量的估算能够为解决粮食安全问题提供重要的数据参考。

21 世纪以来，气候变化问题已逐渐成为联合国气候峰会和亚太经济合作组织领导人非正式会议（简称 APEC 峰会）等世界级首脑会议的主题之一，表明全球各国政界和科学界对此问题的高度重视。作为气候变化重要表现之一的全球变暖问题也越来越受到关注。科学研究认为，工业革命以来，人类活动是造成全球变暖的主要原因，其中包括人类生产、生活所造成的二氧化碳和甲烷等温室气体的排放。而遏制气候变暖趋势的一个重要手段是降低大气中碳含量,从全球来看,绿色植被作为重要的碳汇,不同植被类型的碳蓄积差异巨大,约80%的地上碳蓄积发生在森林生态系统中,余下的部分则主要储存在耕地、草地等生态系统中。与森林、草地等自然生态系统不同,农田生态系统是人工建立的生态系统,虽然其所占面积不如前两者,但由于是陆地生态系统碳循环过程中最活跃的碳库,其必然在全球碳收支平衡中占有重要地位。因此,及时准确地进行作物生物量的估算,对科学管理和合理利用农田,保护和增强其碳汇功能具有极其重要的指导意义。

2010年9月—2016年7月,笔者在中国科学院遥感与数字地球研究所数字农业实验室攻读硕士和博士以来,一直从事农田生物量的相关研究。本书中作为模型验证的实验区植被冠层光谱、叶面积指数、生物量干重等地面观测数据,由于其观测工作任务繁重,花费巨大,鉴于研究精力有限,未进行独立观测,书中地面观测数据主要来自2012—2015年期间863计划重大项目“星机地综合定量遥感系统与应用示范(一期):全球大宗作物遥感定量监测关键技术”的地面观测共享数据。数据主要包括:① 禹城市2012年冬小麦和2013年红星农场春玉米的冠层光谱、叶面积指数和地上生物量数据;② 2015年禹城市和河北省馆陶县冬小麦的生物量干重和单产数据;③ 2013年广东省台山市早稻和晚稻的生物量干重数据。在此对该项目以及参与地面观测的研究人员表示衷心的感谢。地面实测数据的具体参数在本书第3章、第4章和第5章的相应位置都有详细介绍。

本书的研究和出版得到了淮阴工学院学术专著出版资金、淮安市双碳数智化创新重点实验室出版资金以及江苏省住房城乡建设厅项目“‘双碳’目标背景下淮安市城乡碳达峰碳中和关键技术研究”(2024ZD020)的资助。望本书的出版能为农田生物量遥感估算方法的发展和改进贡献微薄之力，为后续的相关从业人员开拓研究思维。

感谢淮阴工学院的陈亚东院长、周潮副院长、郑阳博士、罗雅丽博士对于本书出版的大力支持，在此表示衷心的感谢；同时对本书中所引用的数据和文献的作者表示真诚的感谢。

本书的出版难免会有一些不足，欢迎读者和同行专家给予指正，电子邮箱：fengxl@hyit. edu. cn。

冯学良

2025年3月

目　录

第1章 绪 论

1.1 作物生物量的研究意义

21世纪以来,气候变化问题已逐渐成为联合国气候峰会APEC峰会等世界级首脑会议的主题之一,表明全球各国政界和科学界对此问题的高度重视[1]。作为气候变化重要表现之一的全球变暖问题也越来越受到关注。科学研究认为,工业革命以来,人类活动是造成全球变暖的主要原因,其中包括人类生产、生活所造成的二氧化碳和甲烷等温室气体的排放。为了使人类免受气候变暖的威胁,1997年12月签署的《〈联合国气候变化框架公约〉京都议定书》规定了发达国家和经济转轨国家在承诺期内减排或"联合履行"宏观减排温室气体。2002年8月,我国政府核准了《〈联合国气候变化框架公约〉京都议定书》。2014年11月,中美两国共同发表《中美气候变化联合声明》,提出我国计划到2030年左右二氧化碳排放达到峰值且将努力早日达峰。2015年12月,《联合国气候变化框架公约》近200个缔约方一致同意通过了《巴黎协定》,该协定将为2020年后全球应对气候变化行动做出安排。而遏制气候变暖趋势的一个重要手段是降低大气中碳含量,从全球来看,绿色植被作为重要的碳汇,不同植被类型的碳蓄积差异巨大,约80%的地上碳蓄积发生在森林生态系统中,余下的部分则主要储存在耕地、草地等生态系统中。与森林、草地等自然生态系统不同,农田生态系统是人工建立的生态系统,虽然其所占面积不如前两者,但由于是陆地生态系统碳循环过程中最活跃的碳库，其必然在全球碳收支平衡中占有重要地位。作物种植作为农田利用的重要方式之一，在农业生产中占据举足轻重的地位，农田生态系统中 CO_2 收支对陆地生态系统碳循环大气温室气体的吸收、排放以及全球气候变化起着不可忽视的作用。国际地圈生物圈计划（IGBP）实施的第一阶段中的一个核心研究计划即研究气候、大气成分、土地利用的变化对包括农业生态系统在内的陆地生态系统的影响。因此，农田生态系统碳循环的研究，对温室气体减排及研究全球气候变化都具有重要意义。

粮食安全、能源安全和金融安全并称当今经济发展的"三大安全"问题，世界各国对此高度重视。其中，粮食安全是人类生存发展面临的首要问题，它与社会和谐、政治稳定、经济持续发展息息相关，如何确保粮食安全已成为人类面临的一项重要课题。在我国，粮食安全始终是关系国民经济发展和社会稳定的全局性重大战略问题。确保粮食安全是实现国民经济又好又快发展的基础，也是促进社会稳定和谐的重要保障，同时还是确保国家安全的战略基础。粮食安全问题与农民收入增长问题、农村土地问题、农村社会事业发展问题和农民权益保护问题一起，是当前"三农"问题的五大核心问题。2024 年国家采取系列措施调动农民种粮积极性，粮食产量再上新台阶，全年全国粮食总产量 14 130 亿斤，比 2023 年增加 222 亿斤，增长 1.6%，粮食产量首次突破 1.4 万亿斤[2]。但同时也应注意到，由于人口的增长和灾害的频繁发生，我国粮食安全也面临一定的挑战，而作物生物量与其产量的形成密切相关，生物量的估算能够为解决粮食安全问题提供重要的数据参考。

生物量监测是精准农业的重要内容之一。精准农业由于能够最大限度地发挥土壤和作物的潜力，做到既能满足作物生长发育的需要，又能减少农业物质的投入，降低物质消耗、增加利润、保护生态环境，实现农业的可持续发展，从而成为未来农业的发展方向之一[3]。农作物作为农田最重要的组成部分，为人类的生存和发展提供了基本的生活保障，而生物量是作物长势较为直观的反映，与农田后续的施肥、灌溉和管理等措施密切相关。因此，作物生物量估算是精准农业实施过程中所需关注的重点问题之一。

作物生物量是指单位面积作物累积物质的质量，是农业生态系统获取能量能力的集中体现，对生态系统结构和功能的形成起到十分重要的作用，也是农田生态系统研究的基础之一。作物生物量的精确估算一直是陆地生态学研究的重点问题之一，原因在于：一方面，作物生物量在全球碳循环中具有重要的作用[4-7]，准确估算作物生物量有助于掌握气候变化与农田生态系统相互间的反馈作用；另一方面，生物量与作物最终单产和产量的形成密切相关[8-10]。因此，及时准确地进行作物生物量的估算，对科学管理和合理利用农田，保护和增强其碳汇功能具有极其重要的指导意义。

1.2 遥感估算生物量的优势

自20世纪60年代以来，遥感技术的出现使得以低成本、多尺度、多时相、大范围为特征的生物量监测成为可能，整个学术界因此涌现出大量旨在结合遥感技术反演作物生物量的模型。基于遥感技术的生物量估算模型的共同特征都是利用遥感影像提取参数，或直接构建其与生物量之间的关系，或将其同化进入生长模型之中，从而进行作物生物量的估算。近年来，遥感技术的飞跃发展，多尺度、多光谱以及多观测角度的卫星遥感资料能够更加客观地反映出不同作物类型的几何结构，可以更准确地刻画出作物的结构信息，从而更好地对生物量进行反演。具体而言，遥感模型在计算生物量方面具有以下优势：

第一，多源遥感数据可以为模型提供丰富的数据支持。目前，覆盖可见光、短波红外、中波红外、热红外、微波等波段的各类传感器搭载在众多卫星上，时刻进行着对地观测。这些传感器可以提供各个光谱通道的地表反射率和发射率信息，我们可以通过它们获取不同空间与时间分辨率的地表植被指数、叶面积指数等信息。通过这些空间数据的支持，遥感模型可以基于更少的假设条件，更好地描绘出作物生长的过程，从而为生物量的估算提供理论支持。

第二，遥感影像可以提供高时空分辨率、多尺度的生物量信息。目前，低、中、高分辨率卫星遍布天空，不仅可以提供高空间分辨率的数据，而且时间分辨率也大大提高，这也为多尺度的生物量遥感估算奠定了基础。目前，已公布的生物量产品就包含不同的时间尺度与空间分辨率数据。

由于基于遥感技术的生物量估算模型具有上述特点，因此模型的发展方向取决于结合遥感技术的产品本身的特点，应充分发挥不同遥感数据的优势，以实用性为目的，构建机理性强、以多源遥感数据为基础、适合不同作物类型、高时空分辨率的作物生物量估算模型。

1.3 主要研究内容

1.3.1 基于宽波段植被指数的小麦和玉米生物量估算及评价

遥感植被指数已被广泛应用于作物生理生态参数（如叶面积指数、叶绿素含量和生物量等）的估算，并取得了较好的结果。近年来，大量研究[11-13]表明，使用红边波段的植被指数和叶绿素指数更适合用于冠层叶绿素含量的估算。而叶绿素作为作物光合作用的重要成分，与生物量的累积密切相关，这从侧面说明了叶绿素指数可能具备生物量的估算能力，但目前相关的研究很少。由于卫星影像会受大气条件和混合像元的影响，对于生物量估算的精度会造成一定的影响，因此，本研究通过地面实测光谱拟合出中分辨率成像光谱仪（MERIS）相应的波段，对传统型植被指数、红边指数和叶绿素指数在冬小麦和夏玉米生物量估算方面的表现进行探讨。

1.3.2 基于 PROBA-V 数据的冬小麦生物量估算

低空间分辨率数据（如 MODIS 和 SPOT-VGT 等卫星数据）空间分辨率较低（最高为 250 m），导致混合像元较多，从而在一定程度上制约了该数据的使用，而高空间分辨率数据（如 Landsat、SPOT 和 RapidEye 等卫星数据）虽然空间分辨率较高，但其时间分辨率通常较低，如果受不利天气（如云和雾霾）等因素的影响，质量较好的影像会更少。而作物生物量累积的关键期（通常在 2～3 个月内），需要高频次的遥感数据作为支撑，才能更好地对其进行监测，因此，高空间分辨率数据在农业监测中的应用也有其局限性。为了生成时间序列的高空间分辨率数据集，本书考虑运用时空融合算法，将高空间分辨率和高时间分辨率数据相似波段的反射率进行融合，生成高时空分辨率的反射率数据集，从而用于作物生物量的估算。

2013 年由比利时发射的 PROBA-V 卫星能够提供 100 m、300 m 和 1 000 m 尺度上的遥感数据，但空间分辨率的提高导致 100 m 分辨率的数据幅宽降低（517 km），成像周期约为 5 d，因此，数据质量受云、雪的影响较大，通过该数据的质量控制文件，在禹城市研究区冬小麦的主要生长阶段（3—5 月）只能得到 4 幅不受云影响的数据，这对于作物生物量的监测显然是不够的。但 PROBA-V 卫星能够同时提供 300 m 分辨率数据，几乎每天均能成像，其 10 d 最大值合成的影像质量能够得到充分保证，由于获取这两种数据的传感器相似，因此，相比使用 MODIS 卫星和 Landsat 卫星进行的数据融合，PROBA-V 卫星 100 m 和 300 m 相应波段的融合效果可能会更好。

光能利用率模型经常被用于总初级生产量（GPP）或净初级生产量（NPP），而对于农作物来说，生物量通常被认为与 NPP 之间存在一个固定的系数（不同的作物可能有差异）。CASA（Carnegie-Ames-Stanford Approach）模型作为光能利用率模型中的一种，由于其输入参数较少且与遥感数据联系密切，所以常被用于 NPP 或生物量的估算。本书考虑将 PROBA-V 卫星不同空间分辨率的数据融合并同化入 CASA 模型中进行小麦地上生物量和单产的估算。

1.3.3 基于 GF-1 和 RADARSAT-2 数据的水稻生物量估算

基于 1.3.1 小节中的分析可知，通过光学数据得到的反射率或植被指数均能用于生物量的估算，但同时也应注意到，在作物叶面积指数较大时，光学指数会出现一定的饱和效应，而通过雷达影像获取的参数，如 HH、HV、VH 和 VV 等也经常用于生物量的估算，雷达具备穿透能力强的特点，如果将这两种数据结合在一起，雷达数据可能会在一定程度上弥补光学植被指数的饱和效应，从而提高生物量的反演精度。因此，本章主要是评价不同的光学植被指数和雷达极化参数对水稻地上生物量估算方面的表现，从中选取表现较好的参数，将二者进行组合构建出新型植被指数，用于水稻生物量估算并评价其精度和敏感性。

1.4 关键问题与总体路线

本书研究的关键问题是利用不同的遥感数据构建作物生物量的估算模型，并对模型的精度进行分析和评价，为生物量的精确反演提供重要的参考。具体拟解决以下几个关键问题：

(1) 由于红边波段以及叶绿素指数在作物生理生态参数估算方面具有一定的优势，本书将其应用于作物生物量的估算，并系统性地评价了不同宽波段植被指数在生物量反演方面的表现，为今后基于宽波段植被指数生物量估算模型的构建提供重要依据。

(2) 针对目前低空间分辨率遥感影像普遍存在混合像元的问题，本书使用时空数据融合的方法获取高时空分辨率的数据，从而降低混合像元的影响，提高生物量估算的空间尺度，进而提高生物量估算结果的精度。

(3) 针对光学植被指数在作物冠层密集时易饱和，从而影响生物量估算结果的缺陷，本书拟采用光学数据结合雷达影像的方法对生物量进行反演，以期能够减弱光学植被指数饱和效应对生物量估算的影响，并提高模型的估算精度。

本书的总体研究路线如图 1-1 所示，通过问题的发现—假设的提出—实验的开展—结果的分析—结论的得出等五者相结合的思路实现本书的研究目标。

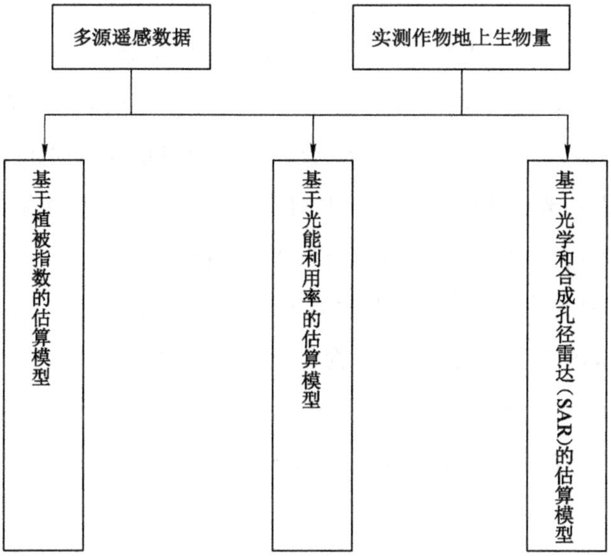

图 1-1　本书的研究路线示意图

1.5　本书结构

本书以地上生物量这一具有现实意义的作物参量为研究对象，针对三种主要农作物，利用多源遥感数据和方法对作物地上生物量进行估算和精度分析，从而为高精度的生物量估算提供理论方法与技术支持。

本书共分 6 章，结构如下所示：

第 1 章为绪论。首先简述了作物生物量的研究意义；其次分析了遥感技术在作物生物量估算方面的重要意义、核心优势等，并指明了遥感模型与其他模型的不同之处，说明了遥感模型的应用潜力。

第 2 章主要为文献综述。首先介绍了国内外作物地上生物量遥感监测的研究进展；其次从研究历史、研究方法、遥感数据源等方面进行了综述；最后提出了当前研究中存在的问题及发展趋势。

第 3 章主要利用地面实测的高光谱数据拟合相应的宽波段卫星数据，比较和评价了不同植被指数(包括红边和叶绿素指数)在冬小麦和春玉米地上生物量方面的表现，从而为基于指数的生物量估算提供了依据。

第 4 章主要是通过时空数据融合得到高空间和高时间分辨率遥感数据，并将其同化到光能利用率模型中对冬小麦的地上生物量进行估算及评价，从而提高作物生物量估算的空间尺度和精度。

第 5 章主要是利用光学和雷达数据各自具备的特性，构建基于二者的新型植被指数，进而为水稻地上生物量的估算提供参考。

第 6 章为结论与展望。对本书结论和创新点进行了系统性总结，讨论了本书研究中存在的不确定性，并对未来的研究方向进行了展望。

第 2 章　作物生物量遥感估算模型研究进展

2.1　引言

生物量是指植物净生产量的积累量，某一时刻的生物量就是此时此刻以前生态系统所累积下来的活的有机物质总量[14]，它是生态系统研究中重要的生物物理参数，也是估算多种植物冠层功能和全球变化监测的常用参数之一[15]。农田作为陆地生态系统的重要组成部分，在全球碳循环中扮演重要的角色。研究者对农田生物量进行监测，可以为陆地生态系统中的能量平衡和能量流动研究提供重要基础数据，而作物生物量作为农田最重要的组成部分，不仅可以反映作物长势，衡量作物生长发育[16]，而且也是产量重要的指示因子，与最终产量的形成密切相关[17-18]。因此，作物生物量估算对于长势监测、产量预测及全球碳循环的研究等都具有重要意义[19]，是农业遥感的主要研究内容之一。

作物生物量是指单位面积上植物通过光合作用所积累的干物质，是反映作物生长状况和生产力的重要指标之一。生物量的准确估算对于农业生产决策、粮食安全评估、生态系统服务研究及碳循环模型优化具有重要意义。然而，传统的作物生物量监测方法主要为田间测量方法，如样方收割法和仪器测定法。这些方法虽然精度较高，但通常费时费力且覆盖范围有限，难以满足大尺度、动态化和实时监测的需求。遥感技术作为一种无损测量手段，为作物生物量的监测提供了新的可能性。借助于遥感传感器的光学、热红外、雷达及激光雷达数据，研究人员可以在区域甚至全球范围内进行大面积作物生物量估算。这种技术通过提取作物冠层的光谱、几何或生理特征，与实地生物量数据结合，建立统计模型或机理模型，从而实现生物量的定量反演。近年来，遥感技术发展迅速，搭载不同类型传感器的卫星陆续发射升空，同时无人机遥感和地面高光谱仪器普及，遥感数据的空间分辨率、时间分辨率和光谱分辨率都显著提高，为作物生物量估算模型的构建和优化提供了丰富的基础数据。

各种遥感平台和传感器的不断发射使得遥感数据类型逐渐丰富，因其具备覆盖面积大、实时性和周期性强等优点，遥感技术在农业监测等领域的应用愈加广泛，而生物量作为农业生产中不可或缺的部分，遥感技术在其中必能发挥重要的作用。生物量遥感估算模型主要是通过提取遥感影像的信息，直接或间接地与作物生物量建立联系，从而实现对生物量的估算。

遥感估算模型是遥感技术应用于作物生物量监测的核心工具。目前，研究人员开发了多种模型，这些模型可根据其理论基础分为经验统计模型、基于物理机理的模型及机器学习和深度学习模型。经验统计模型以光谱指数[如归一化植被指数(NDVI)、增强型植被指数(EVI)等]为主要输入变量，采用线性回归或多元回归等方法构建简单的统计关系，具有计算简便和区域适用性强的特点，但其对植被类型和环境条件的适应能力有限。基于物理机理的模型(如光能利用率模型、光合作用模型)依赖于植物生长的物理和生物学机制，以叶面积指数(LAI)、光合有效辐射(PAR)等参数为核心输入，能够更好地反映作物生长动态，但其复杂性和对参数设置的依赖限制了模型在大尺度和多场景中的应用。

随着计算技术和人工智能的快速进步，机器学习和深度学习算法逐渐成为遥感数据分析的重要工具。通过随机森林(RF)、支持向量机(SVM)、卷积神经网络(CNN)等算法，研究人员能够从海量遥感数据中提取复杂的非线性关系。这些算法不仅能够提高估算精度，还能够显著降低传统模型在参数化和区域推广中的困难。然而，尽管机器学习和深度学习模型具有较高的灵活性，其“黑箱”特性和对大规模标注数据的依赖仍然是当前研究中的重要挑战。

除模型本身的发展外，数据融合技术也在作物生物量遥感估算中发挥着日益重要的作用。单一类型的遥感数据往往难以全面表征作物的生长状况，而光学遥感数据、雷达数据和热红外数据的联合使用，可以提供更加全面和精准的作物生物量信息。例如，光学遥感数据能够反映作物冠层的光谱特征，雷达数据则对结构特征(如高度、密度)更为敏感，而热红外数据可用于反映作物的蒸腾速率和温度动态。多源数据融合不仅提高了生物量估算的精度，还为不同类型作物及复杂种植环境下的模型构建提供了支持。

然而，尽管遥感估算模型的研究取得了显著进展，但是仍然面临诸多挑战。一方面，遥感数据的不确定性和受天气条件影响较大的问题(如云层遮挡)限制了模型的稳定性和实用性；另一方面，不同模型的适应性和推广能力仍存在瓶颈，例如经验统计模型在跨区域应用时表现出的失效现象。此外，高分辨率遥感数据的快速增长也对数据处理效率和计算资源提出了更高的要求。

本章对目前基于遥感技术估算作物生物量的模型以及模型应用等方面的研究现状进行总结，分析了不同模型的优缺点，并对作物生物量遥感估算模型的发展趋势进行展望。

2.2　国内外模型概述

2.2.1　基于遥感数据的统计模型

2.2.1.1　光学数据遥感模型

1. 基于多光谱数据的生物量估算

基于传统光学数据的估算模型主要使用对作物生理敏感的波段反射率

或植被指数与生物量进行相关统计分析来估算作物生物量。

张文龙[20]利用 Landsat ETM 和 SPOT5 等遥感数据，提取了常用于植被研究的 RVI(比值植被指数)、NDVI、RDVI(再归一化植被指数)和 SAVI(土壤调整植被指数)等四种植被指数，并将其与实测玉米生物量进行相关性分析，发现除 SAVI 之外，其余三种植被指数与玉米地上生物量的相关系数 R^2 均高于 0.80；谭昌伟等[21]在冬小麦开花期，以 Landsat TM 为数据源，比较了 NDVI、SAVI、NDWI(归一化水指数)等遥感变量反演冬小麦生物量的精度，并以此为基础，绘制了冬小麦开花期不同等级生物量遥感监测专题图；Bao 等[22]在冬小麦不同生长阶段，分别提取了 Landsat 和 MODIS 的 NDVI、EVI、NDWI 等数据，构建了冬小麦地上生物量遥感估算模型；Roumenina 等[23]的研究表明，Landsat TM 第四波段与冬小麦地上鲜生物量相关系数达到 0.71，而在冬小麦不同的生长阶段，地上鲜生物量与 PROBA-V 数据中 NDVI 相关程度较高；Cao 等[24]发现水稻生长期内，修正叶绿素吸收比值指数(MCARI1)与地上生物量显著相关；刘明等[25]利用 MODIS 数据提取的 NDVI、RVI、EVI、RDVI、SAVI 等 10 种植被指数反演春玉米 LAI 和地上鲜生物量，结果表明，10 种植被指数与春玉米 LAI 和地上鲜生物量相关性显著；Kross 等[26]发现玉米和大豆生物量低于 800 g/m^2 时，其与植被指数的累积量间存在很好的相关性。

基于光学数据-生物量的统计模型，计算方法简单，易于使用，但该方法同样需要大量的观测数据作为模型支撑，且统计模型不具备作物生长的生理生化基础，不易于外推到建模区域外运用。此外，作物生长的高峰期通常也是作物进行光合作用、累积生物量的关键期，然而由于叶片面积较大，光不能穿透作物冠层到达下方，光学信号达到饱和，导致由不同波段反射率构建的植被指数产生饱和，从而使其对生物量变化的敏感度降低。另外，通过光学遥感影像获取的植被指数不可避免受云和气溶胶等大气条件的影响。因此，基于光学数据的生物量模型具有一定的局限性。

2. 基于高光谱数据的生物量估算

高光谱数据具备光谱分辨率高、波段较窄且连续性强、光谱信息量大等特点，能够对目标物进行直接识别和微弱光谱差异分析[27]。利用高光谱遥感估算农作物生物量，主要是通过对作物冠层光谱反射率进行测定，构建一系列对作物生物量相对敏感波段的特征参数或光谱植被指数，从而实现对作物生物量的估算。

Hansen 等[28]利用实测光谱数据分别建立了水稻和小麦的地上生物量高光谱估算模型；Thenkabail 等[29]基于不同作物的地面测量光谱研究发现，650～700 nm、500～550 nm 及 900～940 nm 等 3 个范围的谱段是估算作物地上总干重的敏感谱段；宋开山等[30]研究发现冠层光谱反射率在 350～680 nm、760～1 050 nm 波谱区与大豆地上鲜生物量相关性较大，而在红边区 680～760 nm 的导数光谱与大豆地上鲜生物量相关程度较高，并构建了基于 RVI 的大豆地上鲜生物量遥感估算模型；柏军华、黄春燕等[31-32]对棉花地上鲜生物量进行高光谱研究，并且分别选择敏感波段的特征参数建立了各自的最优预测模型；王大成等[33]利用 9 种高光谱植被指数系统地比较了人工神经网络方法和传统回归模型在小麦生物量估算方面的应用，结果表明，基于人工神经网络的方法相对于传统回归模型，其对小麦生物量估算精度显著提高；张凯等[34]使用特征波段及其组合构建光谱特征参数并以其作为变量，建立了春小麦地上生物量的高光谱估算模型；Gnyp 等[35]发现在水稻各个生育期，通过适当的窄波段组合形成的 RVI 和 NDVI 能够有效地提高水稻地上生物量的预测精度；Mutanga 等[36]的研究表明，红边波段(700～750 nm)更适于用来进行植被生物量的估算。

基于高光谱的作物生物量估算模型充分发挥了高光谱数据在光谱维的优势，并考虑作物生长发育过程中其冠层反射率的不同响应，模型相对简单，但这种方法需要大量的样点观测数据作为模型输入，且由于缺乏一定的理论基础，很难推广到其他区域。同时，虽然高光谱技术发展迅速，但高光谱数据相比光学遥感数据获取依然较少，也制约了基于高光谱的生物量模型在较大区域的使用。

2.2.1.2 雷达数据遥感模型

近年来，雷达技术发展迅速，RADARSAT-2、ENVISAT、COSMO-SkyMed、TanDEM-X 等搭载雷达传感器的卫星相继发射升空，雷达数据呈现多样化，从而使其应用越来越广泛。基于雷达数据对生物量估算主要是构建不同波段（C、X、L 等波段）和不同极化方式（HH、HV、VH 和 VV 等极化方式）下后向散射系数与作物生物量间的统计模型[37]。

Wigneron 等[38]的研究表明，C 波段后向散射系数与大豆生物量密切相关；Inoue 等[39]则通过水稻鲜生物量与 L 波段 HH 极化和交叉极化方式下后向散射系数的关系，发现二者具有很强的相关性，而高频的 Ka、Ku 和 X 波段则不适于水稻生物量的反演；Mattia 等[40]的研究结果表明，冬小麦抽穗前，入射角为 23°，VV 极化方式下，C 波段后向散射系数与地上生物量关系最为敏感，入射角为 40°时，C 波段 HH 极化方式与 VV 极化方式下后向散射系数与地上生物量的相关性较强，这一结果表明，基于 ENVISAT ASAR 数据可以用来反演小麦地上生物量；董彦芳等[41]发现 ASAR 的后向散射系数与水稻的生物量具有较强的相关性，且 C 波段 HV 极化方式下的后向散射系数比 HH 极化方式下具有更好的相关性，在入射角更小的情况下，HH 极化方式下的后向散射系数与生物量的相关性更差，而 HV 交叉极化方式下的后向散射系数与生物量的相关性却很好；Jia 等[42]研究发现，小麦生长的早期，后向散射系数对生物量的变化非常敏感，但会随着生物量的增加达到饱和，L 波段的 HH 极化和交叉极化方式下的后向散射系数可用于构建生物量估算模型；Inoue 等[43]认为在生育期内，水稻叶片生物量与 C 波段 VH 极化方式下的后向散射系数显著相关，但只在生物量较低时（低于总生物量的 20%），后向散射系数才较为敏感；Wiseman 等[44]从 RADARSAT-2 提取了 21 种参数，并分别与油菜、玉米、大豆和春小麦等 4 种作物地上生物量进行相关性分析，结果表明，大部分参数与油菜、玉米和大豆的生物量显著相关，而对于乳熟期的春小麦，体散射、线性交叉极化和圆交叉极化方式下的后向散射系数与生物量的相关性较强。

相较于光学数据，具备全天时、全天候以及穿透性强等特点的雷达数据在作物生物量监测等方面具有独特的优势，特别是干涉和极化 SAR 的出现，为基于雷达数据的生物量估算模型提供了新的数据源。目前，雷达数据主要用于森林生物量的反演，但是在作物生物量的研究方面相对较少。雷达数据在作物高度等方面的应用表明该数据可能在作物生物量估算中发挥更重要的作用。但与基于光学遥感作物生物量估算模型相似，该模型的局限性也很明显，大多采用统计方法且受制于观测数据，价格昂贵也是该模型应用受限的主要因素。

2.2.1.3　光学和雷达数据遥感模型

基于上述分析，LAI 较大时，光信号无法穿透作物冠层，导致 NDVI 等植被指数饱和，而由于穿透性强，此时雷达数据所受影响较小，充分利用两种数据，可以实现优势互补，为模型构建提供了新思路。Gao 等[45]使用 RADARSAT-2 的 HV 极化后向散射系数对通过 HJ-1A/B 影像提取的植被指数进行修正，将修正后的植被指数用于玉米生物量的估算，结果表明，二者相关性相较于只使用光学、雷达数据的估算精度均有所提高。Jin 等[46]则证明了利用这两种数据得到的新型指数不仅能够提高生物量的反演精度，而且能够延缓光学指数的饱和效应。光学和雷达数据联合反演作物生物量能充分挖掘数据自身优势，提高模型精度，是作物生物量估算的趋势之一。

2.2.2　基于净初级生产量的估算模型

NPP 与作物生物量之间关系密切，一般认为，植株碳含量与干物质间存在转化系数 T。作物生育期内，净初级生产量和生物量的计算公式如下：

$$NPP_i = NPP_{i-1} + \Delta NPP_i \tag{2-1}$$

$$Biomass = NPP \cdot T \tag{2-2}$$

式中：NPP_i 和 NPP_{i-1} 分别为第 i 天和第 $i-1$ 天的净初级生产量；ΔNPP_i 为第 i 天作物净初级生产量的增加量，可以通过各种植被净初级生产模型进行估算；*Biomass* 为生物量，g/m^2。

近年来，国内外已建立了多种植被净初级生产量模型，主要可以概括为3类：统计模型、光能利用率模型和生理生态过程模型。统计模型又称气候相关模型，该模型通过建立气候因子（如温度、降水、蒸散量等）与植物干物质间的相关性，估算植物的净初级生产量，以 Miami、Thornthwaite Memorial 和 Chikugo 模型为代表[47-48]。光能利用率模型又称遥感数据驱动模型，是基于资源平衡的观点[49]，认为所有资源对植物生长有平等的限制作用，以 CASA、C-FIX 和 GLO-PEM 模型为代表[50-52]。生理生态过程模型是从植物生长的生理生态过程出发，利用 CO_2 同化过程与资源环境因子（如气温、太阳辐射、大气 CO_2 浓度等）之间的生理关系，确定植被的净初级生产量，以 CENTURY、TEM 和 BIOME-BGC 等模型为代表[53-55]。上述 3 类净初级生产量模型中，光能利用率模型与遥感数据的联系最为紧密，将在下面重点讨论。

Tao 等[56]分别使用 CASA 和 GLO-PEM2 模型模拟了生育期内中国玉米的净初级生产量，结果表明，二者的估算结果并无明显差别；闫慧敏等[57]利用 1981—2000 年的 NOAA/AVHRR 卫星遥感数据驱动 GLO-PEM 模型，估算了 1981—2000 年中国农田生态系统的净初级生产量；Du 等[58]将 HJ-1A/B NDVI 和 MODIS NDVI 数据分别同化进 CASA 模型，估算山东省禹城市冬小麦地上生物量，并绘制了生物量空间分布图，研究发现，使用 HJ-1A/B NDVI 的模型的估算精度更高且生物量空间分布更精细；Meng 等[59]采用时空自适应植被指数融合模型（STAVFM），将空间分辨率为 250 m 的 MODIS NDVI 数据与空间分辨率为 30 m 的 HJ-1A/B NDVI 数据融合获得高时空分辨率的 NDVI 数据，并同化 CASA 模型反演冬小麦地上生物量，并在禹城实验区展开验证，结果表明，模拟值与观测值显著相关（$R^2=0.876$）。

净初级生产量模型，尤其是光能利用率模型和生理生态过程模型，由于该模型能模拟作物的生长发育过程且遥感数据能为模型提供部分输入参数，相比基于统计分析的模型，区域外推能力强，因此，被许多学者用来对作物生物量和单产等进行估算。但这类模型也存在一些问题：光能利用率模型虽然充分考虑了环境条件和植被本身的特性，但在一些参数的确定和求取的细节上仍存在不足，如最大光能利用率的取值一直存有争议，模型也不能完全脱离气象数据（温度和降雨等）。此外，模型的标定和输入参数的简化等也需进一步完善。

2.2.3　基于作物生长的估算模型

传统的作物生长模型由于需要大量的地面观测数据，实际运用中面临的问题较多，而随着遥感技术的发展，作物的生理生化参数如叶面积指数、光合有效辐射吸收比例、物候等可以通过遥感数据获取。遥感技术的引入，为模型的使用提供了充足的数据源，增强了作物生长模型的易用性和普适性。目前，国际上已经有大量的作物生长模型出现，应用比较广泛的主要包括 WOFOST、DSSAT 和 CERES 等模型。

马玉平[60]基于 WSPFRS 模型（引入遥感信息的 WOFOST 模型）对华北地区冬小麦的生长发育进行监测，并与 WOFOST 模型模拟结果进行对比分析，认为前者更加准确地模拟了华北地区冬小麦生物量的变化；Ma 等[61]发现 MODIS 数据在 WOFOST 模型中的使用，显著提高了冬小麦生物量的预测精度；陈劲松等[62]用 HJ-1A/B 卫星数据反演的 LAI 和 WOFOST 生长模型同化，在实验区内，生物量的估算误差从 64 g/m^2 降低到 35 g/m^2；程志强等[63]利用 WOFOST 模型结合无人机（UAV）遥感数据实现作物生长后期生物量准确估算的新思路，结果表明，与全生育期数据同化相比，新方法的生物量估算精度有了明显的提升；Martre 等[64]对比了 CROPSYST、DSSAT-CERES、FASSET 和 WOFOST 等模型对欧洲中部和北部地区大麦地上生物量的估算精度。

由于遥感技术能够不依赖于地面观测获取作物生长的生理生化参数（如叶面积指数和物候等），且随着影像分辨率的不同，参数的尺度也会随之发生变化，为作物生长模型在不同尺度的应用提供了一种新途径，因此，遥感数据在作物生长模型中的应用越来越受到研究者的重视。然而，作物生长模型的研究和应用还存在诸多问题：在研究方面，对诸多生理生态过程的认识依然不够清晰和透彻，从而影响到作物生长模型的普适性；在应用方面，模型的区域应用需求日益迫切，但是部分生理生化参数的可获取性是作物生长模型区域应用面临的主要难题。

2.2.4 基于多源遥感数据的人工智能模型

人工智能算法能够解决数据高维和非线性等问题，为基于遥感技术的森林地上生物量估算提供有效方法[65]。研究表明，非参数算法比多元回归算法可以取得更高的生物量估算精度[66]。但人工智能算法存在许多还没有解决的问题，如很难反映生物量与遥感参数间的机理与过程。

具体的人工智能算法有以下几种：

(1) 人工神经网络：人工神经网络自20世纪80年代以来，一直是人工智能领域的热点，这种方法在处理非线性关系上非常有效[67]。人工神经网络基于人工神经元，每个神经元可以向其他神经元传递信号，神经网络由大量的神经元组成，每个神经元代表一个特定的输出函数。两个神经元之间的连接表示信号通过连接的加权值。根据网络连接方式，网络输出不同的加权值和激励函数，以此来估算生物量[68]。

(2) 支持向量机：由柯尔特斯(Cortes)和万普尼克(Vapnik)于1995年提出，在处理复杂的多维数据方面具有独特优势[69]。支持向量机由一个有监督的学习模型和学习算法组成，可用于数据的分类和回归分析。

(3) 决策树：是一种树形结构，其中每个内部节点代表一个属性测试，每个分支代表一个测试输出，每个叶节点代表一个类别[70]。决策节点有两个或多个分支，每个分支代表所测试属性的值。将数据集分解为越来越小的子集，增量地开发出相关的决策树。最终的结果是一个具有决策节点和叶节点的树。

(4) 随机森林：是一种广泛的数据分析和统计方法，由布雷曼(Breiman)

等人于 2001 年提出，是一种用于分类和回归的集成学习方法[71]，在训练时构建大量的决策树，并在分类模式中输出类别，或在回归分析中输出平均预测值。随机森林具有比较高的精度，对异常值和噪声有较好的容忍度，而且可以利用全部的光谱信息。

人工智能算法对地上生物量估算方面的研究有很多。例如，2019 年，Astola 等[12]比较了 Sentinel-2 和 Landsat 8 数据在芬兰南部、北部森林变量预测中的表现，定义了 12 个模型集合，用多层感知器（MLP）和回归树模型训练多变量预测模型，研究结果表明，Sentinel-2 数据可以作为森林资源评价的主要对地观测数据源。Fang 等[73]探讨异速生长分析方法与 Landsat 森林年龄结构相结合在中国亚热带地区速生人工林林分生物量估算中的适用性，并开发了一个遥感-林龄模型，结果具有较高的精度。Li 等[74]利用 Landsat 8、Sentinel-1A 和森林清查数据，结合线性回归、随机森林和极端梯度提升机 3 种算法，估算了湖南省郴州市森林的生物量[74]。

2.3　作物生物量遥感估算的发展趋势

综上，随着遥感技术和农业信息化的发展，作物生物量遥感估算研究取得了显著进展，并呈现出一系列新的发展趋势。

2.3.1　多源遥感数据的深度融合

遥感数据的多样化和互补性为作物生物量估算提供了丰富的信息源。未来研究将更加注重多源数据的综合利用，通过融合光学、雷达、热红外和 LiDAR 等多种遥感数据，提升生物量估算的精度和稳定性。新型遥感数据的出现，必然会促进作物生物量遥感估算模型的发展，目前，MODIS 和 SPOT-VGT（SPOT-VEGETATION）等数据在生物量估算方面被广泛使用[75]，并取得了不错的成果，但受制于较低的空间分辨率，应用具有一定的局限性。高时空分辨率是遥感技术的发展趋势之一，例如，GF-1 和 GF-2 等卫星已在轨运行并提供数据，GF-1 的重访周期仅为 4 d，空间分辨率较 HJ-1A/B 卫星有所提高。SPOT-VGT 卫星的后继卫星 PROBA-V，能够实现 5 d 全球覆盖且空间分辨率有所提高（100 m 和 300 m），2015 年 6 月发射的 Sentinel-2A 卫星上搭载的传感器含 2 个红边波段（705 nm 和 750 nm），而红边波段与植被的各种生理生化参数紧密相关，为生物量遥感模型的建立提供了新选择。雷达数据穿透力强的特点，一定程度上弥补了光学数据的饱和问题。因此，不同遥感数据的结合，是生物量估算模型的发展趋势之一。此外，光学与雷达遥感数据结合，多时相与多尺度数据整合也是未来的发展趋势。光学与雷达遥感数据结合的主要原理是：光学遥感在捕捉作物光谱特征方面具有优势，而雷达遥感对作物几何结构和水分状况更加敏感。两者的协同应用将弥补单一数据源的局限性，特别是在多云、多雨等光学数据受限的区域。多时相与多尺度数据整合则可以指利用时间序列遥感数据监测作物整个生长周期的动态变化，结合从田块到区域、再到全球的多尺度数据，全面提升生物量估算的时空一致性和适用范围。

2.3.2　基于人工智能的生物量估算算法不断丰富

人工智能技术，尤其是机器学习和深度学习模型的引入，已成为遥感数据处理的主要趋势。这些技术能够从多维、高噪声的遥感数据中提取复杂的非线性关系，显著提升估算精度。当前深度学习模型[如 CNN、长短期记忆网络（LSTM）]在遥感数据分析中的应用日益普及。这些模型在高维度数据处理、特征自动提取以及时间序列分析方面展现出独特优势。未来的模型也将趋于自动化和智能化，依赖于自动特征选择、参数优化和模型集成，减少人为干预，提高模型的易用性和适应性。

2.3.3　基于机理研究的作物生长模型参数不断优化

现存的生物量估算模型较少地顾及作物的结构特征（如作物高度等信息），结构特征也是作物生物量的重要反映。双向反射分布函数（BRDF）模型建立了二向性反射与结构特征的关系，如果给定地表各向异性的反射模式，可以通过 BRDF 模型进行后向反演，以推断植被结构等参数。LiDAR 是近年来发展起来的主动遥感技术，具有很强的穿透力，并能够获取植被的部分结构参数，当前主要用来进行森林生物量的估算，鲜见其用于作物生物量的估算。净初级生产量模型和作物生长模型具有一定的机理性，区域外推能力和普适性强，但这两种模型的输入参数较多，净初级生产量模型通常需要温度和降水等气象数据作为输入，作物生长模型则需要作物物候、土壤水分等信息，模型部分输入参数可通过遥感数据反演得到（如叶面积指数和光合有效辐射等），而有些参数在大范围内不易获取（如土壤含水量等）。因此，输入参数的简化是模型使用时需要克服的问题。

2.3.4　生物量估算过程中的尺度效应问题获得更多关注

尺度效应是遥感乃至地学领域一直待解的难题，在生物量遥感估算中也普遍存在。遥感数据的基本单元是像元，由于地表空间的异质性，混合像元较为常见，通过遥感数据反演的参数并不能完全反映纯作物信息，导致生物量估算模型出现偏差。当前主要解决途径是提高影像的分辨率，但这是以牺牲光谱信息为代价的，如何兼顾二者，也是生物量遥感估算模型发展的趋势之一。在模型验证时，相应的生物量采样是否具有代表性也是需要关注的重要问题。

2.3.5　高分辨率与高光谱数据得到广泛应用

高分辨率卫星（如 Sentinel-2、WorldView）和高光谱传感器的快速发展，为精细化作物生物量估算提供了新的技术手段。高分辨率数据能够捕捉作物的微观结构特征，使得生物量估算的空间尺度从大区域向田块甚至单株植物水平延伸，为精准农业提供强有力的支持。高光谱数据能够捕捉作物在多个光谱波段上的细微差异，为开发反映作物生长状况的新型植被指数（如叶绿素含量指数、水分指数等）提供了可能，从而进一步提升估算的精准性和适用性。

2.3.6 从区域模型向全球模型拓展

目前许多遥感估算模型存在区域适用性的问题，难以在不同环境条件和作物类型下推广。未来的研究将从以下两个方面入手，致力于开发具有更高普适性的估算模型：① 全球数据集的构建和训练，即通过整合全球范围内的大样本数据集，训练和优化估算模型，以提升其在多区域和多作物条件下的适用性和稳定性；② 模型参数化与归一化，即通过改进模型参数化方法和输入变量的标准化处理，减少不同环境条件对模型适用性的影响。

2.3.7 轻量化与实用化技术的推广

在追求高精度的同时，未来研究还需关注技术的实用性，尤其是在资源有限的地区或发展中国家。轻量化算法是指开发简单、易用但具有足够精度的估算模型，这种模型可以降低计算成本和技术门槛，使其在农业管理中更加广泛地应用。同时结合低成本遥感平台，利用无人机、手持光谱仪等低成本遥感技术，为小规模种植区和个体农户提供适用的解决方案。

2.3.8 遥感与多学科的交叉融合

作物生物量遥感估算模型的发展将更加依赖多学科的交叉融合。首先是农业与生态学结合，研究人员可以从作物生长机制和生态系统入手，优化遥感模型的生物学和生态学基础；其次是数据科学与大数据分析结合，通过云计算、大数据平台及高性能计算技术处理和分析海量遥感数据，提升模型的计算效率和数据处理能力。

2.4 本章小结

作物生物量遥感估算模型的发展趋势反映了技术进步与实际需求的融

合。未来的研究将向多源数据融合、动态监测、高分辨率应用、智能化算法及全球模型构建等方向发展。这些趋势不仅有助于提升作物生物量估算的精度和适用性，还将为农业生产管理、粮食安全保障和生态环境研究提供更加全面和精准的技术支持。本书由于研究者精力和时间所限，将从综合利用多源遥感数据构建生物量遥感监测模型开始进行研究和探索，研究中针对目前生物量研究中存在的指数易饱和以及混合像元等问题，分别采用红边波段、时空数据融合、组合指数等方法，对小麦、玉米和水稻等作物生物量的估算进行深入的分析和探讨，以此构建生物量估算模型。在遥感技术和信息化手段不断进步的背景下，作物生物量遥感估算领域必将迎来更加广阔的发展前景。

第3章　基于宽波段植被指数的小麦和玉米生物量估算及评价

3.1　引言

作物生物量通常是指单位面积内作物累积有机物质的总量，其与长势和单产关系密切，是农业监测中广泛使用的指标之一[76-77]。此外，作物生物量在全球碳循环中扮演重要的角色，为农田生态系统碳循环的研究提供关键的输入参数[78]。因此，及时准确地进行生物量估算不仅能够促进农业资源的科学管理和合理利用，而且能够为政府和决策部门提供重要的信息支撑。随着全球人口的持续增长和气候变化的加剧，粮食安全问题成为当前全球面临的重大挑战之一。特别是在农业生产过程中，如何提高作物产量、减少资源浪费、应对气候变化对作物生产的影响，是确保粮食供应链稳定的关键。而作物生物量作为衡量作物生产力、评估农业生产状况的重要指标，长期以来备受关注。生物量的监测和预测不仅对作物生长周期的精准管理至关重要，而且对农业政策的制定、作物种植模式的优化以及全球粮食安全的保障均具有深远意义。

小麦和玉米是全球范围内重要的粮食作物，对粮食供应和农业经济发展起着至关重要的作用。小麦广泛种植于温带地区，是世界上重要的粮食作物之一；而玉米作为全球生产和消费量较大的作物之一，广泛种植于温带和热带地区，并且在粮食、饲料及生物能源等多方面具有广泛应用。在农业生产过程中，及时准确地估算作物生物量，在提高作物生产效率、精准农业管理、优化资源配置等方面具有重要意义。然而，传统的作物生物量估算方法多依赖于地面实地调查与测量，这些方法虽然能提供高精度的生物量数据，但因其受空间与时间的限制，难以实现大范围的实时监测，且成本较高，工作量大。随着遥感技术的发展，尤其是卫星遥感技术和无人机遥感技术的应用，作物生长监测和生物量估算逐渐进入一个全新的时代。遥感技术通过获取大量的光谱数据，能够在大范围内实时监测作物的生长状况，尤其是在作物生物量估算方面，遥感技术展现了巨大的潜力。如基于植被指数与生物量的统计模型因其相比作物生长模型较为简单和方便而被广泛使用[21,26,79-80]。谭昌伟等[21]以 Landsat TM 为数据源，比较了 NDVI、SAVI 和 NDWI 等指数反演冬小麦生物量的精度，并以此为基础，制作了冬小麦开花期生物量遥感监测专题图。Kross 等[26]利用 RapidEye 数据分析了 NDVI、NDVIre（红边归一化植被指数）和 MTVI2（改进三角植被指数 2）等 7 种宽波段植被指数与大豆和玉米生物量的相关性，研究得出当生物量达到 800 g/m^2 时，NDVI 等指数逐渐饱和。为延缓部分指数饱和效应，陈鹏飞等[80]构建的 RTVI（红边三角植被指数）在较高生物量条件下依然保持高度的灵敏性。Fu 等[81]研究了 NDVI、EVI 和 RDVI 等指数与冬小麦生物量的相关性。Jin 等[46]通过分析发现 MTVI2 相比 NDVI 和 EVI 等指数，其与生物量的相关性更强。一般来说，光合作用是绿色植物进行生物量累积的最重要途径，而叶绿素则是吸收光合有效辐射的重要部分。因此，叶绿素含量对生物量的形成至关重要。近年来，一些叶绿素相关指数和红边指数，如 MTCI（MERIS 陆地叶绿素指数）、CIre（红边叶绿素指数）、CIgreen（绿色叶绿素指数）和 MSRre（改进红边比值植被指数）已经被证实与作物叶绿素含量密切相关[82-83]，因此，这类指数也应具备进行生物量估算的潜力。

上述研究的基本原理都是通过对不同波段的反射光谱进行计算，能够揭示植被的光合作用活性和生长状态。常见的植被指数有 NDVI、EVI、GVI（广义植被指数）等，其中，NDVI 已被广泛应用于全球范围内的作物生长监测和产量预测。然而，传统植被指数如 NDVI 在实际应用中也存在一些局限性，尤其是在土壤背景、气象条件和植物类型不同的环境下，NDVI容易受到干扰，导致生物量估算精度降低。因此，近年来，学者们开始探索新的植被指数，如宽波段植被指数（WBI），以期克服传统植被指数的局限性，提供更准确的作物生物量估算方法。WBI是通过综合利用多个光谱波段（包括红光、近红外光、短波红外等）来提高植被信号的准确性。相比传统的NDVI，WBI在更大范围内结合了不同波段的光谱信息，使其在更复杂的地表背景下仍然能够较为准确地反映植被的光合作用活性和生长状况。研究表明，WBI在对作物生物量的估算中，相较于传统植被指数具有更高的精度，尤其是在土壤反射率高、干旱和半干旱地区的作物生长监测中，WBI能够有效降低土壤背景的影响，从而提高生物量估算的可靠性。因此，基于WBI的生物量估算成为现代农业遥感研究中的一个重要课题。

小麦和玉米作为全球最重要的两种粮食作物，广泛种植于各大洲，是世界粮食供应的主要来源。小麦以其耐寒、适应性强的特性，成为全球范围内重要的温带作物；而玉米作为世界上广泛种植的粮食作物之一，除了食用外，还广泛应用于饲料、工业原料以及生物能源等多个领域。小麦和玉米的生产和消费不仅关乎全球粮食安全，还直接影响农业经济、生态环境及社会稳定。因此，对小麦和玉米的生物量进行精准的估算，不仅有助于了解其生长状况，还能为农业管理和政策制定提供科学依据。由于小麦和玉米的生长过程中，叶面积指数、植被光合作用和生物量等因素在不同生长阶段存在较大差异，因此，基于遥感数据的生物量估算需要考虑作物的生长特性、环境因素和遥感技术的精度等因素。传统的植被指数（如NDVI）虽然能够在一定程度上反映小麦和玉米的生长状态，但由于土壤背景和其他环境因素的干扰，传统植被指数的估算结果存在一定的误差。宽波段植被指数的提出，为小麦和玉米的生物量估算提供了更精确的遥感方法。本书通过构建多种宽波段植被指数，特别是叶绿素相关指数和红边指数与小麦和玉米生物量间的最优模型，并对其进行相关性和敏感性分析，探讨适宜进行生物量估算的指数。通过本章研究的实施，期望能够为小麦和玉米等主要粮食作物的遥感监测提供更精确和高效的技术手段，为精准农业的实施提供数据支持，也为全球粮食安全和农业可持续发展提供理论参考。

3.2　研究区与数据

3.2.1　研究区概况

本研究共设置两个实验区，其中一个实验区位于山东省禹城市（中心经度 116°33′35″，纬度 36°50′55″），另一个实验区位于黑龙江省红星农场（中心经度 127°01′30″，纬度 48°09′30″）。禹城市属于灌溉农业，其具备典型的华北平原种植模式，主要施行冬小麦与夏玉米轮作，冬小麦通常于 10 月份播种，并于次年 6 月份收获，夏玉米 6 月份播种，9 月份收获，该区年平均气温和降雨量分别为 13.3 ℃和 555.5 mm。黑龙江省红星农场属寒温带大陆性季风气候，年平均气温高于 10 ℃，降雨量约为 555.3 mm，作物类型主要以春玉米、春小麦和大豆为主，通常于 4 月份播种，8—10 月份收获。红星农场和禹城实验区照片如图 3-1 所示。

(a) 红星农场春玉米照片

图 3-1　红星农场和禹城实验区照片

(b) 禹城冬小麦照片

图 3-1(续)

3.2.2 地面实测数据

在禹城市 2012 年冬小麦的生长关键期内开展了 3 次地面观测试验,分别为 3 月 25 至 28 日(拔节期)、4 月 16 至 19 日(孕穗期)和 5 月 10 至 14 日(开花期);在 2013 年红星农场春玉米主要生育期内共进行了 2 次观测,分别为 6 月 24 至 28 日(七叶期)和 8 月 10 至 13 日(乳熟期)。观测内容主要包括作物的冠层光谱、叶面积指数和地上生物量,两个实验区分别搜集了 136 个和 87 个样品。

3.2.2.1 冠层光谱测量

作物冠层光谱反射率的测定使用美国 Spectra Vista 公司生产的 SVC HR-768 型便携式地物光谱仪,其波谱覆盖范围为 350～2 500 nm,采样间隔分别为 1.5 nm(3 50～1050 nm)、7.5 nm(1 000～1 850 nm)和 5 nm(1 850～2 500 nm)。作者选择在晴朗无云、风速较小且太阳直接照射时进行测量(一般在中午 10:30—13:30),每个采样点重复测量 5 次,取其平均值作为该采样点的光谱反射率数值。通过 3 次实验所采集的冠层反射率变化曲线如图 3-2 所示，从图中能够看出，冠层反射率为 700～800 nm 时变化较为迅速，该区间内的冠层反射率应该更能反映作物生理生化参量的变化过程。

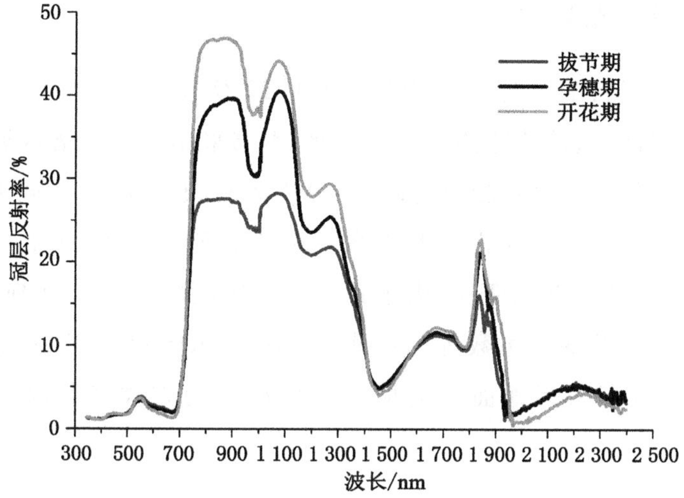

图 3-2　不同生长期内冬小麦的冠层反射率变化曲线

3.2.2.2　地上生物量采集

在进行冠层光谱测量时，地上生物量（本书实验中所述的生物量均指地上生物量）的采集也在同时进行。由于小麦和玉米的结构和种植方式不同，生物量的采集方法也有一定的差异：对于小麦生物量的测量，选取 0.5 m×0.5 m 的样方，采集样方内所有小麦的地上部分（含茎、叶和穗）；玉米生物量采集时，首先测量种植密度（10 m×10 m 内的株数和行数），随机选择 5 株玉米，并取其地上部分作为样品。对于搜集到的样品，首先在 105 ℃高温条件下杀青 1 h；然后在 80 ℃恒温条件下烘烤 24 h 至恒重，称其质量并记录；最后通过种植密度计算每平方米的生物量（kg/m^2）。

3.3 研究方法

3.3.1 光谱数据处理

本章的主要目的是探究红边指数和叶绿素指数在生物量估算中的表现，而目前具备红边的传感器较少。因此，本书采用地面光谱数据拟合具有红边卫星波段的方法进行相应的研究。MERIS（频谱仪）是搭载于由欧洲航天局（ESA）发射的迄今为止最大的综合性卫星 ENVISAT-1 上的主要传感器，它由法国和荷兰共同研制，由于其具备红边波段（如表 3-1 所列），因此，经常被用来进行叶绿素指数等的反演，但是 MERIS 已经于 2012 年 5 月停止运行，因此本书采用地面光谱拟合卫星波段的方式来获取红边波段的信息。

表 3-1 MERIS 传感器波段参数

波段	中心波长/nm	波段宽度/nm	主要应用
波段 1	412.500	10.00	黄色物质与碎屑
波段 2	442.500	10.00	叶绿素吸收最大值
波段 3	490.000	10.00	叶绿素等
波段 4	510.000	10.00	悬浮泥沙、赤潮
波段 5	560.000	10.00	叶绿素吸收最小值
波段 6	620.000	10.00	悬浮泥沙
波段 7	665.000	10.00	叶绿素吸收与荧光性
波段 8	681.250	7.50	叶绿素荧光峰
波段 9	708.750	10.00	荧光性、大气校正
波段 10	753.750	7.50	植被、云
波段 11	760.625	3.75	O_2 吸收带

表 3-1(续)

波段	中心波长/nm	波段宽度/nm	主要应用
波段 12	778.750	15.00	大气校正
波段 13	865.000	20.00	植被、水汽
波段 14	885.000	10.00	大气校正
波段 15	900.000	10.00	水汽、陆地

为了减弱各种环境噪声对光谱反射率的影响，首先使用 S-G 滤波算法对其进行平滑处理。然后利用光谱反射率和光谱响应函数[式(3-1)]拟合出 MERIS 的蓝波段 ρ_{blue}(435～450 nm)、红波段 ρ_{red}(660～670 nm)、红边波段 $\rho_{red\text{-}edge}$(ρ_{705}：703～712 nm，ρ_{750}：747～760 nm)和近红外波段 ρ_{nir}(852～887 nm)，结合表 3-2 中的公式，推算出 mNDVI、mNDVIre、SR、SRre、mSR、mSRre、MTCI、RTVI、NDVIre、CIre、NDVI、CIgreen、WDRVI、EVI、EVI2 和 MTVI2 等植被指数。

$$\rho_i = \frac{\sum_i^j [\rho(\gamma) S_i(\gamma) \Delta\gamma]}{\sum_i^j [\rho(\gamma) \Delta\gamma]} \tag{3-1}$$

式中：i 表示 MERIS 的不同波段；$\rho(\gamma)$ 和 $S(\gamma)$ 分别表示实测光谱反射率和光谱响应函数；ρ_i 表示拟合后的波段；$\Delta\gamma$ 为反射率变化。

表 3-2　文中选用的植被指数

植被指数	计算公式	参考文献
绿色叶绿素指数(CIgreen)	$\rho_{nir}/\rho_{green}-1$	[83]
红边叶绿素指数(CIre)	$\rho_{nir}/\rho_{red\text{-}edge}-1$	[83]
增强型植被指数(EVI)	$2.5[(\rho_{nir}-\rho_{red})/(\rho_{nir}+6\rho_{red}-7.5\rho_{blue})]$	[85]
改进三角植被指数 2(MTVI2)	$1.5[1.2(\rho_{nir}-\rho_{green})-2.5(\rho_{red}-\rho_{green})]/$ $\mathrm{sqrt}[(2\rho_{red}+1)^2-(6\rho_{nir}-5\sqrt{\rho_{red}})-0.5]$	[86]

表 3-2(续)

植被指数	计算公式	参考文献
增强型植被指数 2(EVI2)	$(\rho_{nir}-\rho_{red})/(1+\rho_{nir}+2.4\rho_{red})$	[87]
改进归一化植被指数(mNDVI)	$(\rho_{nir}-\rho_{red})/(\rho_{nir}+\rho_{red}-2\rho_{blue})$	[88]
改进红边归一化植被指数(mNDVIre)	$(\rho_{750}-\rho_{705})/(\rho_{750}+\rho_{705}-2\rho_{blue})$	[88]
改进比值植被指数(MSR)	$(\rho_{nir}/\rho_{red}-1)/\sqrt{\rho_{nir}/\rho_{red}+1}$	[89]
改进红边比值植被指数(MSRre)	$(\rho_{750}/\rho_{705}-1)/\sqrt{\rho_{750}/\rho_{705}+1}$	[12]
MERIS 陆地叶绿素指数(MTCI)	$(\rho_{nir}-\rho_{red\text{-}edge})/(\rho_{red\text{-}edge}-\rho_{red})$	[90]
归一化植被指数(NDVI)	$(\rho_{nir}-\rho_{red})/(\rho_{nir}+\rho_{red})$	[91]
红边归一化植被指数(NDVIre)	$(\rho_{nir}-\rho_{red\text{-}edge})/(\rho_{nir}+\rho_{red\text{-}edge})$	[92]
比值植被指数(SR)	ρ_{nir}/ρ_{red}	[93]
红边比值植被指数(SRre)	ρ_{750}/ρ_{705}	[88]
宽动态范围植被指数(WDRVI)	$\frac{\alpha\rho_{nir}-\rho_{red}}{\alpha\rho_{nir}+\rho_{red}}+\frac{1-\alpha}{1+\alpha}(\alpha=0.2)$	[94]
红边三角植被指数(RTVI)	$[100(\rho_{750}-\rho_{730})-10(\rho_{750}-\rho_{550})]\mathrm{sqrt}(\rho_{700}/\rho_{670})$	[80]

3.3.2 生物量估算

利用 MATLAB 2013 曲线拟合工具箱中的 Curve Fitting Tool 实现 3.3.1 小节中所提取的不同指数与生物量间的最优拟合。具体来说，首先利用一些常用的拟合方法，包含线性和非线性(二项式、指数、幂数和对数)等拟合函数，分别构建不同植被指数与生物量间的相关关系；然后对于每种指数，通过比较和分析使用不同拟合方法拟合的该指数与生物量间的相关性，从中选取与生物量相关性最好的拟合方法，作为二者间的最优拟合模型；最后选用相关系数(R^2)和均方根误差(RMSE)对不同指数与生物量间的最优拟合结果进行初步的精度评价[式(3-2)和式(3-3)]，分析这些指数与生物量间的相关性。当最优拟合为非线性时，只选用 R^2 和 RMSE 作为评价指标，可能导致一定的误导性，本研究采用 $NE_{\Delta AGB}$ 作为敏感性分析指标[式(3-4)][84]，用于分析植被指数与生物量关系的稳定性和敏感性。

$$R^2 = \frac{\left\{\sum_{i=1}^{n}\left[(P_i - P)(O_i - O)\right]\right\}^2}{\sum_{i=1}^{n}\left[(P_i - P)^2(O_i - O)^2\right]} \tag{3-2}$$

$$RMSE = \sqrt{\frac{1}{n}\sum_{i=1}^{n}(P_i - O_i)^2} \tag{3-3}$$

式中：P 表示模型估算值的平均值；O 表示实际观测值的平均值；n 代表观测值的数量。R^2 是模型估算值与实际观测值的相关程度，两者相关性越大，则 R^2 越接近于 1，两者相关性越小，则 R^2 越接近于 0。

$$NE_{\Delta AGB} = RMSE(VI \text{ vs } AGB)/[\mathrm{d}(VI)/\mathrm{d}(AGB)] \tag{3-4}$$

式中：$RMSE(VI \text{ vs } AGB)$ 表示植被指数（VI）关于生物量（AGB）最佳函数的均方根误差；$\mathrm{d}(VI)/\mathrm{d}(AGB)$ 表示植被指数关于生物量最优拟合函数对生物量的一阶导数。

为了分析红边在生物量估算方面的作用，本章利用红边指数和原始指数分别与生物量间 R^2 和 RMSE 的相对变化率来进行比较说明，如下所示：

$$R^2\text{ 相对变化率} = 100\left|R^2_{\text{red-edge}} - R^2_{\text{original}}\right|/R^2_{\text{original}} \tag{3-5}$$

$$\text{RMSE 相对变化率} = 100\left|RMSE_{\text{red-edge}} - RMSE_{\text{original}}\right|/RMSE_{\text{original}} \tag{3-6}$$

式中：$R^2_{\text{red-edge}}$ 和 R^2_{original} 分别为红边和原始植被指数与生物量之间的相关系数；$RMSE_{\text{red-edge}}$ 和 $RMSE_{\text{original}}$ 分别为红边和原始植被指数与生物量之间的均方根误差。

3.4　研究结果

3.4.1　相关性分析

最优拟合结果如表 3-3 所列，所选植被指数均与冬小麦和春玉米生物量显著相关：对于春玉米，R^2 介于 0.76～0.94 之间，RMSE 位于 0.112～0.251 kg/m^2 之间，CIre 的估算精度最高；对于冬小麦，R^2 介于 0.82～0.94

之间，RMSE 位于 0.158～0.260 kg/m^2 之间，NDVIre 的表现优于其他指数，而 RTVI 与两种作物生物量的相关性均最低，与陈鹏飞等[80]的研究结果不相符，主要是因为本书以 705 nm 替代了 RTVI 中 730 nm 处的反射率，导致其灵敏性降低。根据使用的波段来看，在所有红边指数中，NDVIre 和 CIre 分别具有最优的反演精度，而在无红边存在的情况下，CIgreen 与两种作物生物量的相关性均最高（对于冬小麦，R^2＝0.92，RMSE＝0.187 kg/m^2；对于春玉米，R^2＝0.93，RMSE＝0.119 kg/m^2），而在基于近红外和红光波段构成的指数中，NDVIre 和 CIre 分别与两种作物生物量的相关性最优。部分植被指数（与两种作物生物量间 R^2 均高于 0.82）与生物量的散点图如图 3-3 所示，NDVI、mNDVI、mNDVIre、MTVI2、WDRVI 和 NDVIre 等植被指数与生物量呈指数相关，而 MTCI、CIgreen、CIre、SRre 和 MSRre 等植被指数与生物量更趋于线性相关。

表 3-3　植被指数与生物量的相关性

植被指数	最优拟合函数	R^2	RMSE/(kg/m^2)
冬小麦			
NDVIre	$y=0.1752\exp(3.391x)-0.292$	0.94	0.158
CIre	$y=1.004\ln(0.7926x+0.4587)$	0.93	0.162
mNDVIre	$y=0.083\exp(3.98x)-0.192$	0.93	0.173
CIgreen	$y=1.342\ln(0.2723x+0.5654)$	0.92	0.187
MSRre	$y=2.18\exp(0.33x)-2.386$	0.92	0.188
SRre	$y=1.27\ln(0.652x)$	0.92	0.180
MTCI	$y=1.33\ln(0.5205x-0.1948)$	0.91	0.182
NDVI	$y=0.01\exp(5.582x)+0.0157$	0.91	0.194
EVI	$y=-0.776\ln(1.236-0.461x)$	0.90	0.198
mNDVI	$y=-0.623\ln(2.186-2.127x)$	0.89	0.204

表 3-3(续)

植被指数	最优拟合函数	R^2	RMSE/(kg/m²)
EVI2	$y=-0.952\ln(1.348-1.378x)$	0.89	0.205
MSR	$y=0.5752x^{0.8603}-0.4044$	0.89	0.208
MTVI2	$y=2.742x^{2.195}$	0.88	0.217
WDRVI	$y=0.246\exp(1.58x)-0.302$	0.88	0.204
SR	$y=1.154\ln(0.1558x+0.6933)$	0.88	0.209
RTVI	$y=0.04x^{1.016}-0.423$	0.82	0.260
春玉米			
CIre	$y=1.658\ln(0.3605x+0.8425)$	0.94	0.112
CIgreen	$y=1.549\ln(0.2829x+0.6496)$	0.93	0.119
mNDVIre	$y=0.1001\exp(3.863x)-0.1429$	0.92	0.132
SRre	$y=2.476\ln(0.2355x+0.7138)$	0.92	0.134
NDVIre	$y=0.2549\exp(3.026x)-0.3345$	0.90	0.149
MTCI	$y=4.038\ln(0.1074x+0.8254)$	0.90	0.151
MSRre	$y=4.174\exp(0.2043x)-4.284$	0.89	0.155
SR	$y=1.473\ln(0.139x+0.7605)$	0.86	0.184
MTVI2	$y=3.429x^{2.291}$	0.86	0.184
WDRVI	$y=-1.232\ln(1.112-0.7055x)$	0.84	0.201
NDVI	$y=0.008\exp(5.883x)-0.0923$	0.83	0.206
MSR	$y=0.4058x^{1.146}-0.1723$	0.82	0.214
EVI2	$y=-\ln(1.332-1.411x)$	0.80	0.230
EVI	$y=-0.5881\ln(1.134-0.4789x)$	0.79	0.234
mNDVI	$y=-0.4553\ln(1.933-1.964x)$	0.78	0.242
RTVI	$y=0.0762x^{0.8622}-0.3061$	0.76	0.251

注：x 和 y 分别表示植被指数与生物量。

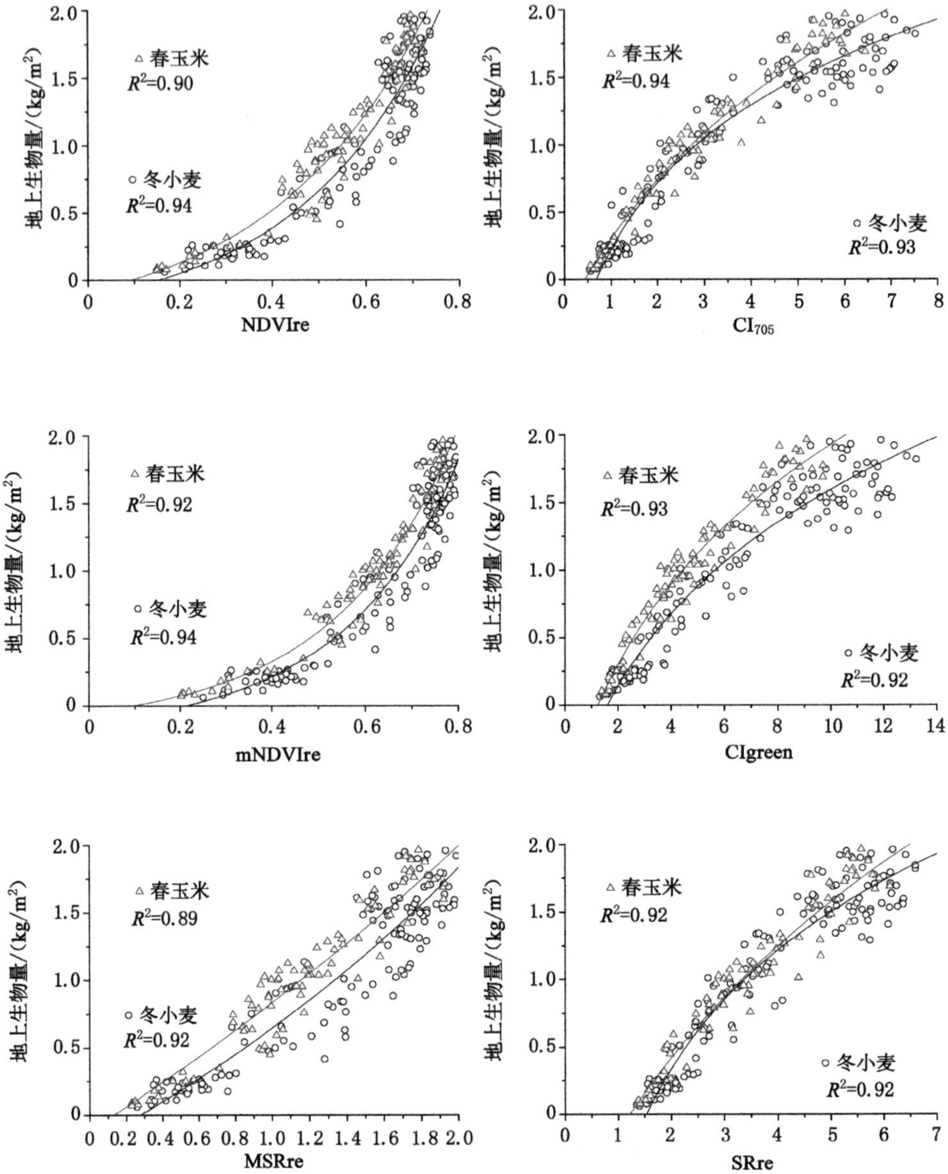

图 3-3　生物量与植被指数的相关性（实线和虚线分别表示冬小麦和春玉米的最优拟合曲线）

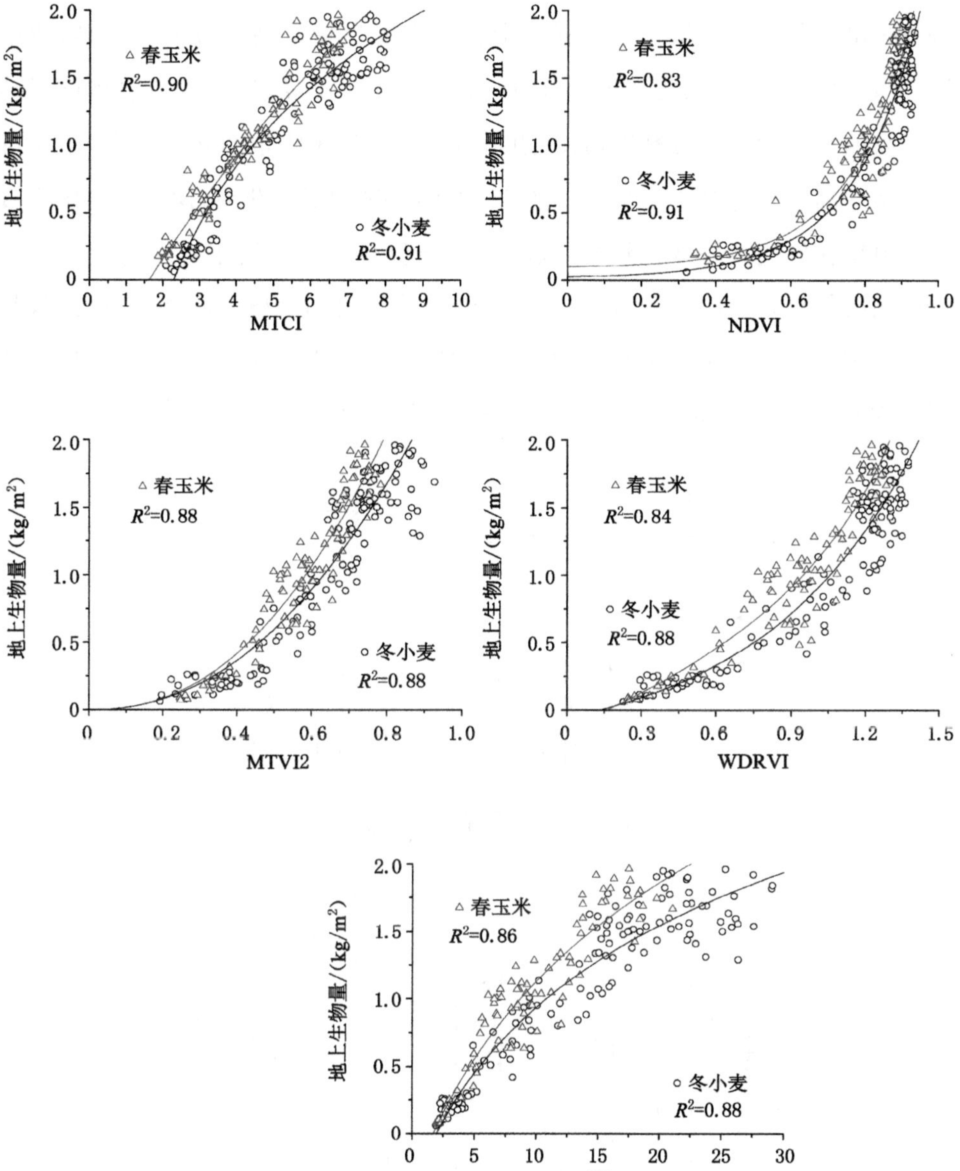
2.0
1.5
1.0
0.5
0
地上生物量/(kg/m²)
△ 春玉米
R^2=0.90
○ 冬小麦
R^2=0.91
0 1 2 3 4 5 6 7 8 9 10
MTCI
△ 春玉米
R^2=0.83
○ 冬小麦
R^2=0.91
0 0.2 0.4 0.6 0.8 1.0
NDVI
△ 春玉米
R^2=0.88
○ 冬小麦
R^2=0.88
0 0.2 0.4 0.6 0.8 1.0
MTVI2
△ 春玉米
R^2=0.84
○ 冬小麦
R^2=0.88
0 0.3 0.6 0.9 1.2 1.5
WDRVI
△ 春玉米
R^2=0.86
○ 冬小麦
R^2=0.88
0 5 10 15 20 25 30
SR

图 3-3(续)

为分析 NDVIre、mNDVIre、SRre 和 MSRre 等红边指数与 NDVI、mNDVI、SR 和 MSR 等原始植被指数在春玉米和冬小麦生物量估算方面的差异，使用 R^2 和 RMSE 的相对变化率进行分析。如图 3-4 所示，红边指数与生物量间具有较高的相关性和估算精度，且红边指数与春玉米生物量的 R^2 和 RMSE 相对变化率均高于其与冬小麦生物量的 R^2 和 RMSE 相对变化率，这是由于作物冠层反射率在红边波段变化较快，该波段可能包含了更多用于对生物量变化进行探测的信息，且春玉米相比冬小麦对红边波段更加敏感。此外，红边指数与冬小麦和春玉米的生物量间的相关性相似，而原始植被指数与二者的相关性差异较大，表明红边指数相比原始指数对作物类型的变化不敏感。

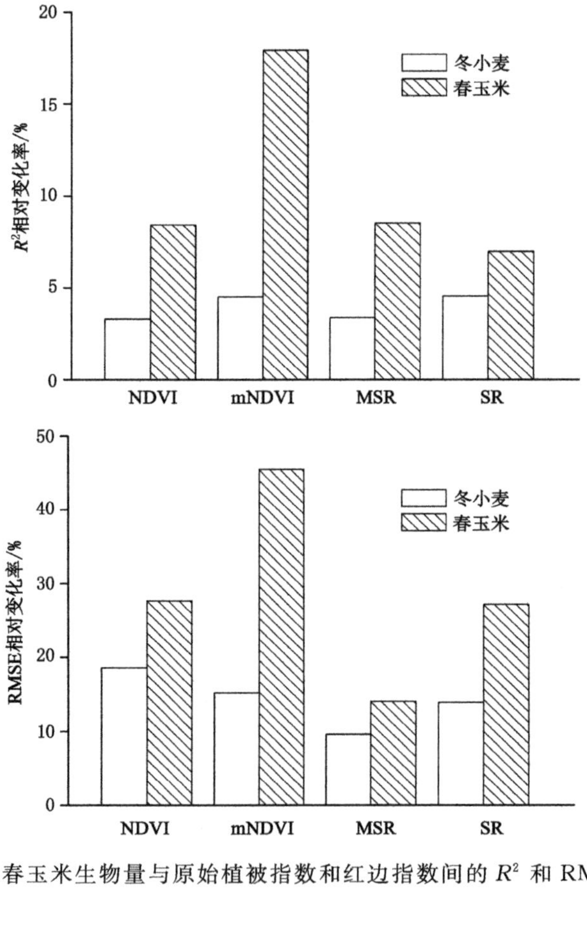

图 3-4　冬小麦和春玉米生物量与原始植被指数和红边指数间的 R^2 和 RMSE 相对变化率

3.4.2 敏感性分析

对于非线性拟合，只采用 R^2 和 RMSE 进行相关性评价会导致一定误导性。如图 3-3 所示，虽然拟合结果的 R^2 和 RMSE 相似，但拟合曲线形状却并不相同。NDVI 与生物量间的拟合曲线随着生物量的增加，斜率逐渐变小，在超过 1.0 kg/m^2 时，斜率几乎趋近于 0，这是由于在作物冠层密集时红光波段的吸收较强，而近红外波段的反射较强，从而使基于这两个波段的植被指数产生饱和效应，WDRVI、MTVI2、NDVIre 和 mNDVIre 等植被指数也具有类似的现象（1.5 kg/m^2 后也逐渐饱和）。因此，虽然相关性较高，但这类指数的饱和效应将导致对作物生长中后期（生物量较高时）生物量的低估。而 MSRre、SRre 和 CIs（CIgreen 和 CIre）等植被指数几乎与生物量呈线性相关，表明这类指数相比 NDVI 等更适于在作物中后期进行生物量估算。

为了进一步评价图 3-3 中植被指数的表现，使用 $NE_{\Delta AGB}$进行敏感性分析。由于两种作物拟合曲线具有一定的相似性，所以实验中只选择冬小麦作为研究对象。图 3-5 展示了不同指数 $NE_{\Delta AGB}$的变化，总体来说，$NE_{\Delta AGB}$呈现两个相反的趋势，且在 0.8～1.0 kg/m^2 间相交。NDVI、NDVIre 与 mNDRIre 等归一化差值指数在生物量低于 0.8 kg/m^2 时保持较高的敏感性，其后敏感性迅速下降。与此相反，CIs、SR 和 SRre 等比值指数在生物量高于 1.0 kg/m^2 时敏感性逐渐升高。在只有近红外和可见光波段（红波段和绿波段）存在的情况下，WDRVI 和 CIgreen 分别适于作物生物量较低和较高时的估算。在生物量较高时，NDVI 的 $NE_{\Delta AGB}$的值和斜率比 NDVIre 大，表明红边波段比红光波段对高生物量的变化更敏感。考虑到 MTCI 和 SRre 具有较高的预测能力，且对生物量变化一直保持较高的灵敏性，二者是冬小麦全生长季内进行生物量预测最稳定的指数。

上述研究结果表明，宽波段植被指数在冬小麦和春玉米生物量估算中具有很强的潜力。由于 NDVI、MTVI2、NDVIre、WDRVI 等归一化差值指数和 CIs、SR 和 SRre 等比值指数分别在作物生长早期和中后期对生物量的

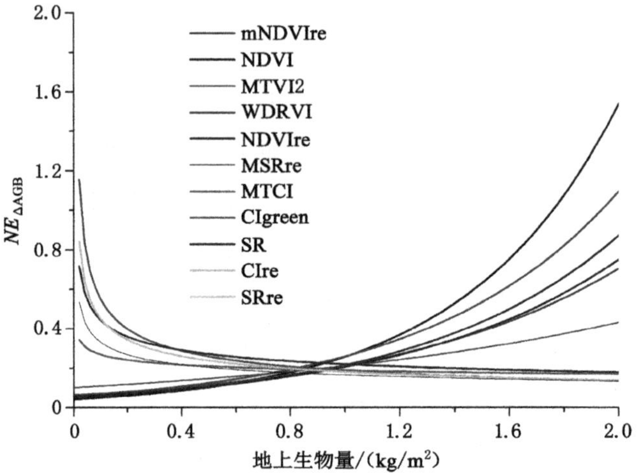

图 3-5　图 3-3 中所选植被指数的敏感性分析

变化较为敏感。因此，使用组合指数的方法能够提高生物量的估算精度，即在作物生长的前期和中后期分别使用不同的植被指数进行计算[10]。例如，在只有近红外和红光波段可用的情况下（如 MODIS 250 m、SPOT-VGT 和 PROBA-V 数据），使用 WDRVI 和 SR 的组合；如果同时有绿波段（如 Landsat、MODIS 500 m 和 HJ-1 数据），则 WDRVI 和 CIgreen 为最优组合；如果红边波段存在（如 Sentinel-2、RapidEye 和 HYPERION 数据），则以 NDVIre 和 CIre 的组合为最佳。

3.5　讨论

本章中采用的部分植被指数是基于高光谱数据发展而来的，书中将其作为宽波段植被指数进行了应用。尽管研究中已经使其尽可能与高光谱指数中所使用的反射率保持一致，但由于宽波段指数与高光谱指数中所使用的反射率位置不能保证完全相同，因而，二者在生物量估算方面的表现也存在差异，如本章中使用的 RTVI 与生物量间的 R^2 低于其他指数，这与陈鹏飞等[80]的研究结果并不相同，一个重要的原因可能是由于本书以 705 nm 处的反射率替代了 RTVI 中 730 nm 处的反射率，从而使得该指数灵敏性下降，导致其与生物量的相关性降低，而在春玉米和冬小麦各个生育期，通过窄波段组合形成的 SR 和 NDVI 能够有效地提高春玉米和冬小麦地上生物量的预测精度。因此，对于高光谱指数在宽波段遥感数据中的使用还有待进一步研究。

由于本章只在禹城市和红星农场进行了生物量估算模型的构建，虽然在这两个研究区内取得了较好的效果，但采样数据和影像数据存在局限性，如采样的时间间隔、采样区的数量及位置等因素都会对生物量估算模型产生一定的影响。因此，模型的普适性未得到充分且有效验证，未来计划布设更多的研究区，并增加地面观测的频次，获取更多的地面观测数据，从而更好地构建生物量估算模型，并对模型的普适性进行更加深入的分析。此外，本章中只使用了地面高光谱数据对卫星波段进行了模拟，而没有使用星载卫星数据。但随着技术的进步，一些卫星（如 Sentinel-2 等）也能够提供相应波段的反射率信息，因此，未来计划使用星载卫星数据对该类模型进行探讨。

3.6　本章小结

本章基于地面实测冠层光谱反射率和生物量数据，首先利用 MERIS 的光谱响应函数，拟合出该传感器相应的波段，推算出 16 种不同的植被指数并分别建立其与冬小麦和春玉米生物量间的最优拟合模型；然后分析了不同植被指数与生物量间的相关性与敏感性。本章结论如下。

(1) 研究中所选取的植被指数均与冬小麦和春玉米生物量呈现显著的非线性相关关系，且 NDVIre 和 CIre 分别与冬小麦和春玉米生物量的相关性最高。

(2) 红边波段能够提高作物生物量的估算精度，且春玉米相较冬小麦对红边更加敏感，但红边指数对作物类型变化不敏感。

(3) NDVI 等归一化植被指数在冬小麦生长早期对生物量的变化较敏感，但这类指数在中后期会逐渐饱和，从而导致对生物量出现低估，而红边指数能够有效延缓饱和效应。

(4) MTCI 和 SRre 对生物量具有较好的预测能力，且在冬小麦全生长季内一直保持较高灵敏性，二者在冬小麦全生长季内均适合用于生物量的预测。

(5) 本章所选指数与生物量之间的敏感性呈现出两种截然相反的趋势，因此建议使用组合植被指数的方法进行生物量的反演，从而提高其估算的精度。

3.7 本章展望

宽波段植被指数是利用遥感数据中多波段信息进行计算的一种新的方法，它不仅可以克服单一波段的局限性，还能够提高生物量估算的精度。随着遥感技术的不断发展，尤其是高分辨率卫星和无人机遥感数据的普及，宽波段植被指数在小麦和玉米等作物生物量估算中的应用前景愈加广泛。在近年来的农业遥感研究中，基于宽波段植被指数的小麦和玉米生物量估算方法已成为热点研究方向之一。通过遥感技术获取植物的反射光谱数据，并基于这些数据进行生物量的估算，可以有效解决传统地面调查方法中的时间和空间限制问题。随着遥感技术的发展和宽波段植被指数模型的不断完善，越来越多的研究表明，使用宽波段植被指数来估算作物生物量具有较好的应用前景。目前，广泛应用的植被指数如 NDVI、EVI 等，已在不同作物生物量估算中取得了一定的成功，然而这些指数依然存在一些局限性。例如，NDVI 在高植被覆盖度下容易饱和，导致生物量估算的精度受到影响；而 EVI 虽然能在高植被覆盖度下提供较好的估算效果，但对不同地表类型的适应性不足。因此，发展新的、更为精确的宽波段植被指数对于提高生物量估算的精度具有重要意义。未来,基于宽波段植被指数的生物量研究将朝着以下几个方向继续发展。

3.7.1 宽波段植被指数模型的优化与创新

尽管目前已经有多种宽波段植被指数被提出并应用于作物生物量估算中,但不同作物、不同生长阶段以及不同气候条件下,适用的最佳波段组合可能有所不同。因此,进一步探索和优化适用于不同作物和环境条件的宽波段植被指数,提升其在实际应用中的通用性,将是未来研究的重点。如对于小麦和玉米等作物的不同生长阶段(如苗期、拔节期、灌浆期等),植物的光谱特性会发生显著变化。因此,如何根据作物生长的动态变化,实时调整波段组合并生成新的宽波段植被指数,将是一个值得深入研究的问题。

3.7.2 高分辨率遥感数据的应用

随着高分辨率遥感技术的进步,世界各国发射的高分卫星、无人机等平台提供了极其丰富的空间和时间分辨率遥感数据。这些数据能够更好地反映作物的生长状态,为生物量估算提供更多的信息。例如,利用无人机获取的小尺度高分辨率数据,可以捕捉到田间的微小变化,提高生物量估算的精度和细致度。此外,利用高分辨率遥感数据结合机器学习算法,可以实现对不同作物生物量的自动化识别和估算。这对于大面积农业生产中生物量的快速评估具有重要的现实意义。

3.7.3 光谱数据与生长模型的融合

尽管宽波段植被指数能够进行作物生物量的估算,但单纯依赖遥感数据进行生物量推算可能存在一定的偏差。因此,将遥感数据与作物生长模型相结合,利用作物生长模型对作物的生长规律进行模拟,可以进一步提高生物量估算的精度。例如,基于作物生长模型(如 CERES 模型、Agro-IBIS 模型等)对冬小麦和春玉米的生长过程进行模拟,并结合遥感数据提供的光谱信息，可以精确地预测作物生物量。在这种方法中，遥感数据作为输入参数，作物生长模型则提供了生物量估算的理论基础，两者的结合能够有效减少单一方法可能出现的误差。

3.7.4　多源数据的集成与分析

除了光谱数据外，其他类型的遥感数据（如热红外数据、雷达数据等）也可以为作物生物量估算提供重要的信息。例如，土壤水分和温度等因素对作物的生长具有重要影响，通过结合热红外遥感数据和雷达数据，可以提高作物生物量估算模型的准确性。未来，随着多源遥感数据的获取和分析技术的进步，如何将光谱、热红外、雷达等数据进行有效融合，并开发出多元化的生物量估算模型，将是提升估算精度的重要方向。

3.7.5　气候变化对作物生物量的影响

气候变化对作物生长的影响已经成为全球关注的焦点。在未来的研究中，如何将气候变化的因素纳入作物生物量估算模型中，尤其是如何根据不同的气候情景进行生物量的预测，将是研究的重要方向之一。气候变化可能导致温度的升高或降水量的变化，这会影响作物的生长周期和生物量的积累。将气候变化因素与遥感数据结合进行长期监测和预测，这不仅能够提高作物生物量的估算精度，还能够为农业生产提供更加科学的决策支持。

3.7.6　农业管理与精准施肥的应用

小麦和玉米是全球重要的粮食作物，准确估算其生物量不仅对于产量预测至关重要，也能为农业管理提供参考。在精准农业领域，基于遥感数据的生物量估算可以为农业管理者提供精确的田间信息，进而指导精准施肥、灌溉等农业操作。通过遥感技术实时监测作物生长状态，结合生物量估算结果，可以精确评估土壤养分状况，从而为精准施肥提供依据。这种方法不仅可以提高作物产量，还能减少化肥的使用量，降低环境污染。

综上所述，基于宽波段植被指数的小麦和玉米生物量估算研究前景广阔，但仍面临许多挑战。从数据源的选择与优化、模型的改进与融合，到多源遥感数据的集成应用，未来的研究将进一步推动该领域的发展。结合遥感技术、作物生长模型和气候变化等因素，研究人员将能够提供更为精确、实时的作物生物量估算方法，为农业生产、精准施肥、气候变化监测等领域提供科学依据。

第4章　基于PROBA-V数据的冬小麦生物量估算

4.1　引言

粮食是人类生存和发展的必需品，获得充足的食物是每个人都应享有的基本权利。然而，由于人口增长和贫困等多重因素的制约，粮食安全仍然是世界许多地区面临的重要挑战之一[95]。联合国粮食及农业组织（FAO）最新的报告表明，尽管全球饥饿减少的趋势仍在继续，但在2023—2024年间全世界仍有约1/11的人口遭受营养匮乏的困扰，这种现象在发展中国家表现得尤其显著[96]。冬小麦是世界范围内重要的粮食作物之一，尤其在中国、印度、欧洲和北美等国家和地区的农业领域占据重要地位。作为关系全球粮食安全的关键作物，冬小麦的种植面积和产量直接影响国家和地区的粮食供应与经济稳定。在中国，冬小麦种植区域涵盖了黄淮海平原、华北平原及西北地区，是全国重要的粮食生产基地。随着人口的增长和粮食需求的增加，如何提高冬小麦的产量和生产效率，成为现代农业面临的重要课题[97]。因此，准确、及时地估算小麦的种植面积和产量，对于决策部门和国际社会做出合理的决策具有至关重要的意义。

生物量作为作物生长的重要指标之一，反映了作物的生物生产力和生长状况，对于农业生产的科学管理和决策至关重要。生物量不仅能够反映作物的生长状况，还与作物的产量具有密切关系。尤其在精准农业和智能化农业管理日益发展的今天，如何高效、准确地评估冬小麦的生物量，成为农业研究和生产中的一个重要挑战。传统的生物量估算方法多依赖地面采样和人工调查，但这些方法通常面临时间成本高、空间覆盖面窄、工作量大等问题，因此迫切需要一种高效、快速、低成本的替代方法。

传统的生物量估算方法主要包括地面采样和实验室分析方法。这些方法通常要求研究人员在特定区域内采集代表性样本，通过测量作物的高度、叶面积、根系质量等指标，进而推算出作物生物量。虽然这些方法具有较高的准确性，但由于其需要大量的人工操作，且样本量有限，因此空间覆盖面受限，且难以进行大规模、高频次的动态监测。

此外，传统方法也面临时效性差的问题。尤其是对于冬小麦等季节性作物，其生长周期较长，作物生物量的变化可能随季节和气候条件发生显著波动。依赖地面采样的方法难以实时捕捉到作物生长过程中的动态变化。因此，研究者们迫切寻求一种能够在大范围、高频次下进行有效监测的技术手段。遥感技术，尤其是卫星遥感技术，近年来已成为农业领域重要的监测工具。卫星遥感技术能够通过捕捉从地表反射回来的电磁波数据，获取地表物体的信息，具有覆盖范围广、数据获取快捷、监测周期短、成本低等显著优势，可以克服传统地面调查方法的局限性。在农业监测中，遥感技术通过不同波段的光谱数据，能够有效反映植被生长状态、覆盖度、叶绿素含量等与生物量密切相关的生物物理指标。遥感数据，特别是植被指数（如 NDVI、EVI 等），可以作为作物生长状况的指示器，广泛应用于作物生物量估算、作物健康评估、产量预测等领域。通过遥感影像的时间序列分析，研究者能够实时监测作物的生长状态，获取作物生物量的变化趋势。

随着遥感技术的发展，众多基于遥感技术的生物量和产量估算方法被相继提出和应用。其中一种方法主要是利用从卫星影像中提取的反射率或植被指数与实地测量的生物量建立统计关系模型[81]，由于它们相比多元统计方法更加简单和方便，这些统计模型被广泛使用。但同时，由于缺乏一定的理论基础，这类模型难以扩展到其他地区。另外一种方法则是将卫星数据同化入作物生长模型中，动态地模拟作物生长和管理过程，从而将能量和养分转化为生物量[98]。然而，由于这类模型需要严格设置初始条件和较多的输入参数，作物生长模型必须在理论的正确性和数据的可用性之间进行折中选择。考虑到上述两种方法面临的困难，在过去几十年中，星载的中低空间分辨率仪器，如 NOAA AVHRR（高和甚高分辨率辐射仪）、SPOT-VGT 和 MODIS 提供了大量的空间观测数据，因为它们具备连续和近实时的对地观测能力，对于全球植被和土地覆盖的监测具有重要价值和必要性[99-100]。然而，经过近 15 年的成功运行，欧洲航天局的 SPOT-VGT 已于 2014 年 5 月停止工作，在此期间，其后继卫星 Sentinel-3 仍处于准备阶段。为了确保与 SPOT-VGT 任务的连续性，由比利时主导的且具有更高空间分辨率的机载植被卫星（PROBA-V）于 2013 年 5 月初成功发射，并于 2014 年 3 月中旬对外免费发布数据[101]。PROBA-V 已经被证明与 SPOT-VGT 具有良好的一致性，并且在诸如作物类型识别和制图等多个领域内展现出了更好的性能，为科学家和研究人员在更加精细的尺度上对地表进行探索提供了新的可能性[102-104]。

由于低空间分辨率数据中的混合像元现象严重，可能会影响生物量的估算结果，而高空间分辨率影像能够降低混合像元效应，但高空间分辨率影像通常意味着较长的重访周期，因此，相比低空间分辨率影像，它们更容易受到不利天气因素的影响。对于生物量的监测，时间序列的数据是必不可少的，因此，生物量的监测中迫切需要一种能够产生高时空分辨率影像的工具[105-107]。最近，很多时空数据融合模型已经被提出并被证明具有较好的可行性。例如，Gao 等[108]提出的时空自适应反射率融合模型（STARFM）利用 Landsat 和 MODIS 影像生成了具有 Landsat 空间分辨率和 MODIS 时间分辨率的地表反射数据。而为了消除 STARFM 的部分缺点，一些经过改进的算法已经被相继提出。例如，Meng 等[59]将作物的物候变化考虑在内提出了时空自适应植被指数融合模型（STAVFM），将从中国环境卫星（HJ-1）和

MODIS 数据提取出的 NDVI 数据进行融合得到高时空分辨率数据。为了克服 STARFM 对不均匀地表的反射率预测不准确等问题，Zhu 等[109]提出了增强的时空自适应反射率融合模型(ESTARFM)，并在多种应用中被证明是非常高效的。然而，现有的研究大多集中在其他作物(如玉米、大豆、水稻等)上，而针对冬小麦的遥感生物量估算研究相对较少。冬小麦具有独特的生长特性，其生长周期较长，且冬季受寒冷气候的影响较大，因此在冬小麦生物量的遥感估算中存在一定的挑战。此外，不同遥感影像的时效性、空间分辨率以及植被指数的选择，也影响着生物量估算模型的准确性和稳定性。

PROBA-V 卫星是由比利时科学政策办公室(BELSPO)设计，并由欧洲航天局发射的一颗小型卫星，专门用于地球观测。与传统的遥感卫星相比，PROBA-V 卫星具有较高的空间分辨率(约 100 m)，并且能够提供较高的时效性(每天可观测目标区域)。PROBA-V 卫星携带的多光谱成像仪能够提供来自不同波段的遥感数据，使其在农业领域的应用具有较大的优势。对于冬小麦生物量的估算，PROBA-V 卫星提供的遥感数据能够捕捉到作物的生长变化情况，尤其是在冬小麦的不同生长阶段。通过分析不同时间节点的遥感影像数据，可以较为准确地推测冬小麦的生物量变化，为作物的精确监测提供新的可能。近年来，国内外许多研究者已经开始探索基于遥感数据进行作物生物量估算的方法。例如，利用 MODIS、Landsat 等遥感数据，学者们提出了不同的生物量估算模型，并在多种作物生物量估算中取得了一定的成功。这些研究为作物生物量的遥感估算提供了理论基础和技术支持。

本章节研究的主要目的是通过使用 PROBA-V 100 m 和 300 m 的 S1 产品对冬小麦的生物量和产量进行估算，利用 PROBA-V 卫星提供的遥感数据，结合冬小麦的生长规律，建立一种适用于冬小麦生物量估算的遥感模型。为了实现这一目标，本章的任务主要有以下 3 个：① 通过使用 STARFM 和 ESTARFM 模型融合 PROBA-V 100 m 和 300 m 的 S1 级数据，生成每日 100 m 地表反射率数据集；② 基于时间序列 NDVI 聚类和先验知识识别冬小麦；③ 通过将时间序列遥感数据同化到广泛使用的光能利用率模型来估计作物生物量和产量。

本章研究的意义在于：① 提升冬小麦生物量估算的精度——利用PROBA-V卫星高频次、高空间分辨率的遥感数据，能够更准确地捕捉冬小麦生长过程中细微的变化，进而提高生物量估算的精度。② 为精准农业提供数据支持——通过遥感技术进行大范围、实时的作物监测，可以为精准农业提供实时、全面的数据支持，帮助农民和农业管理者做出更为科学的决策。③ 推动农业智能化发展——基于遥感的作物生物量估算技术，是智能农业中的重要组成部分。通过数据分析和模型优化，能够为农业生产提供更加精准、高效的决策依据，推动农业现代化和可持续发展。

4.2 研究区和数据

4.2.1 研究区概况

本研究共选择两个研究区，一个位于山东省禹城市(第3章有详细的介绍)，另一个位于河北省馆陶县。馆陶县处于华北平原南部，河北省南部偏东，地处东经115°06′～115°40′，北纬36°27′～36°47′。该区属典型的暖温带半湿润大陆性季风气候，日照充足，雨热同期，干冷同季，四季交替明显，年平均气温14 ℃，月平均最低气温－2.5 ℃，最高气温27 ℃，极端最低气温－20 ℃，极端最高气温42.5 ℃，全年无霜期约200 d，年日照时数2 557 h。与禹城实验区相似，馆陶县也属于典型的灌溉农业区，轮作方式主要为冬小麦和夏玉米一年两熟制。

4.2.2 实验数据

4.2.2.1 地面观测数据

在2015年冬小麦的关键生长阶段内，在两个研究区内分别进行了3次田间实验(表 4-1),主要观测内容包括生物量干重和单产。为了减弱周围环境的影响以降低观测误差,仅选择面积较大(>1 km^2)且相对均匀的田块,并且使所有测量均在距田块边界 200 m 或更远的地方开展。此外,使用全球定位系统(GPS)记录坐标,使得它们可以精确地定位于卫星影像中。

表 4-1　2014—2015 年冬小麦观测数据

研究区	作物类型	采样日期	生育期	采样点/个
研究区 1(禹城)	冬小麦	2015-4-16	孕穗期	25
		2015-5-17	开花期	25
		2015-6-4	收获期	25
研究区 2(馆陶)	冬小麦	2015-4-15	孕穗期	15
		2015-5-17	开花期	15
		2015-6-6	收获期	15

在选定田间中心的每个样本点从 5 个随机选择的观测点(1 m×1 m)收集采样点总的生物量(包括茎、叶和穗等)。将所有作物样品加热至 105 ℃,并在 80 ℃烘箱干燥,直到它们在实验室中达到恒重,记录样品的最终干重,然后将最终干重除以样品面积。当收获小麦时,按照类似的步骤测量产量,不同之处在于,只有颗粒部分需要用于产率计算。此外,5 月份在两个实验区内分别进行了大约两个星期的实地调研,期间调查并记录了土地利用类型、作物类型和物候等信息。

4.2.2.2　卫星遥感数据

SPOT-4/5 卫星上的宽视域植被探测仪(VGT)在 1998—2014 年间每天都能对全球植被进行监测,为用户提供作物产量、干旱、荒漠化、植被变化以及森林采伐等方面的基本信息,但其已于 2014 年 5 月退役。而作为 SPOT-4/5 后继卫星的 Sentinel-3A 卫星,原计划 2015 年下半年发射,但由于其技术规范已经发生变化，为保持对地观测的连续性，填补 SPOT-4/5 与 Sentinel-3A/B 之间的空白，延续 SPOT-VGT 对地表植被的监测，比利时科学政策办公室的空间和航空部门启动 PROBA-V 项目，它能够支持诸如土地利用、植被分类、作物监测、饥荒预测、粮食安全和灾害监测与生物圈研究等方面的应用。由于 Sentinel-3 卫星发射延迟，PROBA-V 卫星已不只单纯地发挥过渡性作用。

PROBA-V 卫星携带 3 台相机，与 SPOT-VGT 的波长（蓝、红、红外和短波红外）相似[110-112]，但空间分辨率有所提高（中心相机为 100 m 和 300 m），可以每天对地表进行观测，PROBA-V 卫星数据参数如表 4-2 所列。不同分辨率（100 m、300 m 和 1 k m）的 PROBA-V 数据被加工为日、5 d 和旬产品，并在 VITO 官网（www. vito-eodata. be）提供下载[113]，但数据的发布会有一个月的延迟。PROBA-V 相比 SPOT-4/5 VGT 幅宽有所降低，其 5 d 合成产品基本能够覆盖全球，因此，可以采用该数据作为 CASA 模型的输入数据。PROBA-V 数据使用比利时弗拉芒大区工业技术研究所（VITO）提供的遥感图像处理与判读（SPIRITS）软件进行处理[114-116]。

表 4-2　PROBA-V 卫星数据参数

项目	说明
宽视角，三个散光望远镜	(3×34.6°)×5.5°
可见光及近红外探测器	3×5 200 个像元，13 μm
蓝波段	447～493 nm
红波段	610～690 nm
近红外波段	777～893 nm
可见光及红外波段空间分辨率	1/3 km
短波红外探测器	3×1 024 个像元，对接 InGaAs 探测器
短波红外波段	1 570～1 650 nm
短波红外波段空间分辨率	2/3 km

由于研究区的纬度较低，PROBA-V 100 m 的 S1 级产品只能每 4～5 d 获取一影像。而 PROBA-V 数据的质量在很大程度上受到华北平原严重的云和雾霾等的影响，通过分析相应的影像质量信息，在冬小麦的整个生长季节(10 月至次年 6 月)期间，所有 300 m 分辨率的遥感影像中只有约 42%的像素质量较好，而 100 m 分辨率的遥感影像中较好质量的比例更低。因此，如果只使用 PROBA-V 100 m 分辨率的遥感影像进行分类和生物量估算，会存在许多空间上的间隔，从而影响其反演效果。因此，选择 2014—2015 作物季节内覆盖两个研究区且质量较好的 100 m 分辨率的遥感影像进行处理(表 4-3)，主要包括根据研究区的边界裁剪并将其转换到通用横轴墨卡托投影。

表 4-3　本研究所使用的 PROBA-V 100 m 的 S1 级数据

作物类型	研究区 1		研究区 2	
	日期	无云像元比例/%	日期	无云像元比例/%
冬小麦	2014-11-02	100	2014-11-02	100
	2014-12-13	100	2014-12-13	100
	2014-12-18	**100**	**2014-12-31**	**100**
	2014-12-22	**100**	2015-01-09	100
	2014-12-31	100	2015-02-10	100
	2015-01-19	99	2015-03-27	100
	2015-02-10	100	2015-04-10	100
	2015-03-28	98	**2015-04-15**	**100**
	2015-04-10	99	2015-05-12	97
	2015-04-15	**98**	**2015-05-25**	**99**
	2015-05-07	**98**	2015-05-30	100
	2015-05-16	100	—	—
	2015-05-30	98	—	—

4.2.2.3 气象站点数据

光能利用率模型需要日平均温度和光合有效辐射作为输入数据，研究区的气象数据均来自中国气象数据共享服务系统。该研究区最高的日平均气温出现在 8 月，且低于 30 ℃。此外，本书中没有考虑海拔高度变化对气温造成的影响，这主要是因为研究地点地势平坦且海拔较低，气温变化并不明显，因此，并未对其做出特殊的处理。光合有效辐射主要是根据 FAO 方程利用日照时数计算而来的[117]。

4.3 研究方法

4.3.1 时空数据融合

虽然 PROBA-V 100 m 分辨率数据时间分辨率为 5 d，但是受不利天气等因素的影响，其获取的数据也不足以用来进行生物量的估算，因此，首先需要利用时空融合算法将 100 m 和 300 m 分辨率数据融合生成每日的 100 m 分辨率的影像。时空融合算法较多，本章采用广泛使用且易于实施的 STARFM 和 ESTARFM 模型进行数据融合[118]。选择 ESTARFM 作为主要的融合模型，主要是因为它是基于 STARFM 算法发展而来的，且其克服了 STARFM 模型的部分缺点。因为 ESTARFM 算法需要至少两对 100 m 和 300 m 分辨率的影像，当且仅有一对影像可用时，例如在生长季节开始和结束时（在 2014 年 10 月和 2015 年 6 月）则采用 STARFM 算法融合。为了将人类的活动或环境变化引起的不确定性降至最低，选择时间上最为接近的两对影像（如表 4-3 所列）[119]，此表中用黑体标记的影像用作参考以评价预测影像的精度。这两种数据融合方法的实现均需要使用最近邻算法将 300 m 分辨率数据重新采样到 100 m 的空间分辨率。由于 VITO 所提供的 PROBA-V 数据已经经过大气校正和几何校正，本章没有对该数据做进一步的处理。

4.3.1.1　STARFM 算法

假定忽略空间定位误差与大气纠正误差，且低空间分辨率影像经过重采样，使其空间分辨率与高空间分辨率影像具有相同的像素尺寸。则 STARFM 算法的理论基础可表示为下式，即低空间分辨率遥感数据的像元值可以用同期高空间分辨率遥感数据像元值的面积比例的加权平均来计算：

$$C_t = \sum (F_t^i A_t^i) \tag{4-1}$$

式中：C_t 是 t 时间低空间分辨率遥感数据的像元值；i 为低空间分辨率遥感数据像元所对应高空间分辨率遥感数据像元的索引号；F_t^i 为 t 时间的高空间分辨率遥感数据像元值；A_t^i 为高空间分辨率遥感数据像元值的面积比例。

日期 t_0、t_k 处高空间分辨率图像上像素值可以用对应的低空间分辨率图像上的像素值表示：

$$F(x_i, y_i, t_0) = C(x_i, y_i, t_0) + \varepsilon_0 \tag{4-2}$$

$$F(x_i, y_i, t_k) = C(x_i, y_i, t_k) + \varepsilon_k \tag{4-3}$$

式中：t_0 和 t_k 表示不同时间点；ε_0 和 ε_k 指影像的残差。假定 (x_i, y_i) 处所对应的地面覆盖类型在 $t_0 \sim t_k$ 这段时间内不发生变化，即 $\varepsilon_0 = \varepsilon_k$。

则式(4-2)和式(4-3)相减得：

$$F(x_i, y_i, t_0) = C(x_i, y_i, t_0) + F(x_i, y_i, t_k) - C(x_i, y_i, t_k) \tag{4-4}$$

但这只是一种理想情况，还需考虑其他因素的影响：① 低空间分辨率影像像元并不是同质像元，当放在高空间分辨率影像的尺度下考虑时可能会包括很多混合地物类型；② 土地覆盖类型可能会在预测时间段内发生变化；③ 土地覆盖类型的状态（如植被物候）和太阳几何双向反射分布函数的改变会导致预测时间段内反射率的改变。为了克服这些因素带来的不利影响，Gao 等[108]通过下式来预测高空间分辨率影像上的像元值：

$$F(x_{w/2}, y_{w/2}, t_0) = \sum_{i=1}^{w} \sum_{j=1}^{w} \sum_{k=1}^{w} \left\{ W_{ijk} [C(x_i, y_j, t_0) + F(x_i, y_j, t_k) - C(x_i, y_j, t_k)] \right\} \tag{4-5}$$

式中：$F(x_{w/2},y_{w/2},t_0)$是预测的 t_0 时刻的高空间分辨率影像像元值，w 是移动窗口的大小，窗口中只使用有效像元来进行预测，$(x_{w/2},y_{w/2})$是窗口中心的像元；$C(x_i,y_i,t_0)$是窗口位置(x_i,y_i)处在 t_0 时刻的像元值；$F(x_i,y_i,t_k)$和 $C(x_i,y_i,t_k)$则是高空间分辨率影像和低空间分辨率影像在 t_k 时刻的相应像元值；W_{ijk} 为窗口内各像元在预测中心像元时的权重。

STARFM 算法中的权重函数可以用下式进行计算：

$$W_{ijk} = (1/C_{ijk})/\sum_{i=1}^{w}\sum_{j=1}^{w}\sum_{k=1}^{n}(1/C_{ijk}) \tag{4-6}$$

其中：

$$C_{ijk} = S_{ijk}T_{ijk}D_{ijk} \text{ 或 } C_{ijk} = \ln(S_{ijk}B+1)\ln(T_{ijk}B+1)D_{ijk} \tag{4-7}$$

$$S_{ijk} = |\ F(x_i,y_j,t_k) - C(x_i,y_j,t_k)\ | \tag{4-8}$$

$$T_{ijk} = |\ C(x_i,y_j,t_k) - C(x_i,y_j,t_0)\ | \tag{4-9}$$

$$D_{ijk} = 1.0 + d_{ijk}/A \tag{4-10}$$

$$d_{ijk} = \sqrt{(x_{w/2}-x_i)^2+(y_{w/2}-y_i)^2} \tag{4-11}$$

式中：S_{ijk} 是两类影像的光谱差异；T_{ijk} 是两类影像的时间差异；D_{ijk} 是距离权重；d_{ijk} 是中心像元与候选像元的距离；A 是常数，可根据需要自行设定，本书中设为 1。

特别地，假定：① 当 $S_{ijk}=0$，即在日期 t_k 处高空间分辨率像元值等于低空间分辨率像元值时，则在日期 t_0 处它们的值也仍相等，则 $F(x_{w/2},y_{w/2},t_0)=C(x_{w/2},y_{w/2},t_0)$；② 当 $T_{ijk}=0$，即当低空间分辨率影像的像元值没有发生变化时，高空间分辨率影像的像元值也不发生变化，则有 $F(x_{w/2},y_{w/2},t_0)=F(x_{w/2},y_{w/2},t_k)$。

为了只选取窗口内与窗口中心光谱相似的像素进行计算，规定参与计算的像元需满足下面公式：

$$S_{ijk} < \max[F(x_{w/2},y_{w/2},t_k) - C(x_{w/2},y_{w/2},t_k)] + \sigma_{\text{lm}} \tag{4-12}$$

$$T_{ijk} < \max[C(x_{w/2},y_{w/2},t_k) - C(x_{w/2},y_{w/2},t_0)] + \sigma_{\text{mm}} \tag{4-13}$$

$$\sigma_{\text{mm}} = \sqrt{\sigma_{\text{m}}^2+\sigma_{\text{m}}^2} = \sqrt{2}\sigma_{\text{m}} \tag{4-14}$$

$$\sigma_{\mathrm{lm}} = \sqrt{\sigma_{\mathrm{l}}^2 + \sigma_{\mathrm{m}}^2} \tag{4-15}$$

式中：σ_{m}、σ_{l} 分别为低空间分辨率和高空间分辨率影像的不确定系数，本书设为 0。将式(4-5)进行简单的变换得到如下公式：

$$F(x_{w/2}, y_{w/2}, t_0) = \sum_{i=1}^{w}\sum_{j=1}^{w}\sum_{k=1}^{w}\left\{W_{ijk}[C(x_i, y_j, t_0) + F(x_i, y_j, t_k) - C(x_i, y_j, t_k)]\right\}$$
$$= \frac{\sum_{i=1}^{w}\sum_{j=1}^{w}\sum_{k=1}^{w}\left\{\frac{1}{C_{ijk}}[C(x_i, y_j, t_0) + F(x_i, y_j, t_k) - C(x_i, y_j, t_k)]\right\}}{\sum_{i=1}^{w}\sum_{j=1}^{w}\sum_{k=1}^{w}\frac{1}{C_{ijk}}} \tag{4-16}$$

4.3.1.2　ESTARFM 算法

ESTARFM 算法是假设一混合像元的反射率可以由其内部不同类型的端元的反射率线性加权得到，且从日期 t_m 到 t_n，混合像元各端元的比例不变，则有：

$$C_m = \sum_{i=1}^{M}\left[f_i\left(\frac{1}{a}F_{im} - \frac{b}{a}\right)\right] + \varepsilon \tag{4-17}$$

$$C_n = \sum_{i-1}^{M}\left[f_i\left(\frac{1}{a}F_{in} - \frac{b}{a}\right)\right] + \varepsilon \tag{4-18}$$

式中：C_m、C_n 分别为日期 t_m 和 t_n 的高时间分辨率影像像元反射率；f_i 是第 i 个端元的比例；F_{im}、F_{in} 分别为日期 t_m 和 t_n 的高空间分辨率影像像元上第 i 端元的反射率；M 是混合像元中端元的总数；ε 为残差；a、b 为系数。式(4-17)和式(4-18)相减得到高时间分辨率影像像元反射率的变化：

$$C_n - C_m = \sum_{i=1}^{M}\left[\frac{f_i}{a}(F_{in} - F_{im})\right] \tag{4-19}$$

假设混合像元每个端元从日期 t_m 到 t_n 的变化是线性的，则有：

$$F_{in} = \Delta_i \Delta t + F_{im} \tag{4-20}$$

式中：$\Delta t = t_n - t_m$；Δ_i 为变化率，并认为其在一定时期内是稳定不变的。

则式(4-19)变为：

$$C_n - C_m = \Delta t \sum_{i=1}^{M} \frac{f_i \Delta_i}{a} \tag{4-21}$$

若第 k 个端元在日期 t_m 和 t_n 的反射率均已知，则有：

$$\Delta t = \frac{F_{kn} - F_{km}}{\Delta_k} \tag{4-22}$$

$$\frac{F_{kn} - F_{km}}{C_n - C_m} = \frac{\Delta_k}{\sum_{i=1}^{M} \frac{f_i \Delta_i}{a}} = \upsilon_k \tag{4-23}$$

与 STARFM 算法类似，由式(4-17)～式(4-23)可得到 ESTARFM 算法的核心公式：

$$F(x_{\frac{w}{2}}, y_{\frac{w}{2}}, t_p, B) = F(x_{\frac{w}{2}}, y_{\frac{w}{2}}, t_0, B) + \sum_{i=1}^{N} \left\{ W_i V_i [C(x_i, y_i, t_p, B) - C(x_i, y_i, t_0, B)] \right\} \tag{4-24}$$

式中：N 是包括中心像元在内的相似像元的个数；(x_i, y_i)是第 i 个相似像元的位置；W_i 是权重系数；t_0、t_p 分别表示影响融合的初始时刻和变换时刻；V_i 是每一窗口中相似像元的变化系数；B 是高空间分辨率像元值的比例系数。这里，相似像元指的是与中心像元具有相同地物类型的像元。

ESTARFM 算法中的权重系数 W_i 可以按如下方法进行计算：

$$W_i = (1/D_i) / \sum_{i=1}^{N} (1/D_i) \tag{4-25}$$

$$D_i = (1 - R_i) d_i \tag{4-26}$$

$$d_i = 1 + \sqrt{(x_{w/2} - x_i)^2 + (y_{w/2} - y_i)^2} / (w/2) \tag{4-27}$$

$$R_i = \frac{E([F_i - E(F_i)][C_i - E(C_i)])}{\sqrt{D(F_i)}\sqrt{D(C_i)}} \tag{4-28}$$

$$F_i = \{F(x_i, y_i, t_m, B_1), \cdots, F(x_i, y_i, t_m, B_n), F(x_i, y_i, t_n, B_1), \cdots, F(x_i, y_i, t_n, B_n)\} \tag{4-29}$$

$$C_i = \{C(x_i, y_i, t_m, B_1), \cdots, C(x_i, y_i, t_m, B_n), C(x_i, y_i, t_n, B_1), \cdots, C(x_i, y_i, t_n, B_n)\} \tag{4-30}$$

式中：R_i 是第 i 个相似像元所对应的高空间分辨率像元与低空间分辨率像

元之间的光谱相关系数；w 是窗口大小；d_i 是中心像元与候选像元的距离。

令 ESTARFM 算法中每一窗口中相似像元的变化系数都为 V,V 可以由线性回归法求得。得到权重系数和变化系数后，t_p 处的高空间分辨率影像可以以 t_m 或 t_n 处的影像为基准来预测，通常是分别以他们为基准预测出两个结果然后加权求平均得到最后的结果影像：

$$F(x_{w/2},y_{w/2},t_p,B)=T_mF_m(x_{w/2},y_{w/2},t_p,B)+T_nF_n(x_{w/2},y_{w/2},t_p,B) \tag{4-31}$$

$$T_k=\frac{1/\left|\sum_{j=1}^{w}\sum_{l=1}^{w}C(x_j,y_l,t_k,B)-\sum_{j=1}^{w}\sum_{l=1}^{w}C(x_j,y_l,t_p,B)\right|}{\sum_{k=m,n}\left[1/\left|\sum_{j=1}^{w}\sum_{l=1}^{w}C(x_j,y_l,t_k,B)-\sum_{j=1}^{w}\sum_{l=1}^{w}C(x_j,y_l,t_p,B)\right|\right]},(k=m,n) \tag{4-32}$$

类似地，ESTARFM 算法也可以变换得到如下公式：

$$\begin{aligned}F(x_{w/2},y_{w/2},t_p,B)&=F(x_{w/2},y_{w/2},t_0,B)+\sum_{i=1}^{N}\{W_iV_i[C(x_i,y_i,t_p,B)-C(x_i,y_i,t_0,B)]\}\\&=F(x_{w/2},y_{w/2},t_0,B)+\frac{\sum_{i=1}^{N}\left\{\frac{1}{D_i}\frac{V_i}{(1-R_i)}[C(x_i,y_i,t_p,B)-C(x_i,y_i,t_0,B)]\right\}}{\sum_{i=1}^{N}\left[\frac{1}{D_i}\frac{1}{(1-R_i)}\right]}\end{aligned} \tag{4-33}$$

4.3.2　作物类型识别

根据地面调查显示，冬小麦是两个研究区的主要作物，占夏收作物的 90%以上。由于人为种植的小麦与自然植被和人工地物具有不同的季节性特征，因此，通过分析不同的物候特征就可以识别小麦种植区。如图 4-1 所示，将每个小麦测量点的 NDVI 值绘制为时间序列曲线，阴影区域表示不同采样点上最大和最小 NDVI 之间的差异。大量研究已经证明，与利用单一遥感影像的分类相比，时间序列图像可以改善分类结果的精度。本章中，对于时间序列 PROBA-V 300 m 和融合后生成的 100 m 数据集，采用了在若干研究中使用的非监督迭代自组织分析算法（ISODATA）和最大似然分类（MLC）方法对时间序列影像进行聚类[102,120]。首先通过将整个小麦生长季内的所有 NDVI 影像叠加在一起，分别构建 300 m 和 100 m 的 NDVI 时间序列数据集。然后选取影像上具有特定空间间隔的像素作为训练样本（网格化样本集合），并且利用 ISODATA 将这些训练样本分成若干类别，其后，每个类（一组许多分离的像素）再次用作训练样本并采用 MLC 方法对整个时间序列 NDVI 进行聚类。本书中将 NDVI 时间序列分为 10 种类别，因为在研究区内只有不超过 10 种土地覆盖类型存在，因此，10 种类别基本上能够满足小麦识别的需要。再提取出每个类别的时间序列平均 NDVI 值并以曲线的形式展示出来（总共 10 条曲线），基于分类结果和相应的 NDVI 时间序列曲线，并结合先前的最大和最小 NDVI 曲线来识别小麦种植区。具体地，如果相应类别落在图 4-1 的阴影区域中，则该类别被认为是小麦，否则，它则属于其他土地覆盖类型。因此，这 10 种类别最终将分为两大类别，即小麦和其他种类。最后通过地面调查获取的数据，对分类后的结果进行精度评价。

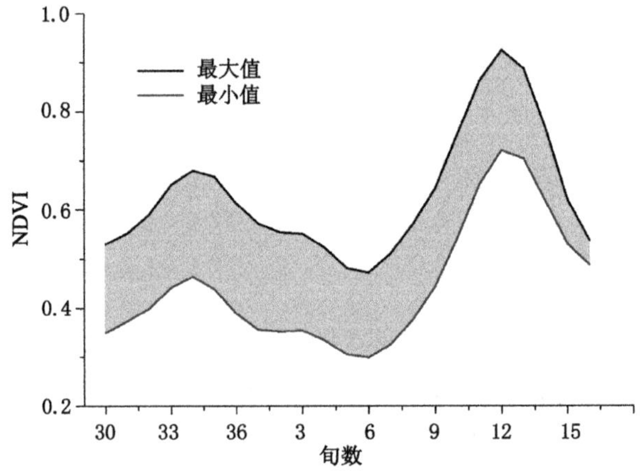

(a) 研究区1

图 4-1　通过地面调查获取的 NDVI 曲线

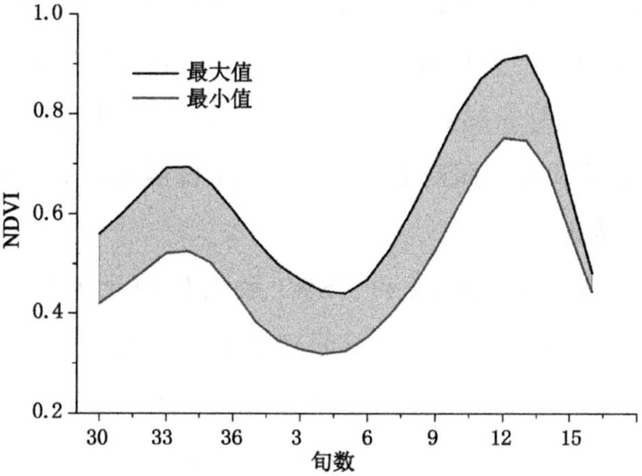

(b) 研究区2

图 4-1(续)

4.3.3　生物量和单产估算

光合有效辐射作为光能利用率模型中的一个关键输入参数，本章利用日照时数进行该变量的推算，详细的计算过程如式(4-34)～式(4-41)所列：

$$NPP = \sum [APAR(t) \cdot \varepsilon(t)] \tag{4-34}$$

$$APAR(x,t) = PAR(x,t) \cdot FPAR(x,t) \tag{4-35}$$

$$PAR(x,t) = 0.48K_{24}^{\downarrow} \tag{4-36}$$

$$K_{24}^{\downarrow} = \left[0.25 + \frac{0.50n(t)}{N(t)}\right]K_{24}^{\downarrow\,\mathrm{exo}} \tag{4-37}$$

$$\delta = 0.409\sin\left(\frac{2\pi}{365}J - 1.39\right) \tag{4-38}$$

$$d_r = 1 + 0.033\cos\left(\frac{365}{2\pi}J\right) \tag{4-39}$$

$$\omega_s = \arccos[-\tan(\varphi)\tan(\delta)] \tag{4-40}$$

$$N(t) = \frac{24}{\pi\,\omega_s} \tag{4-41}$$

式中：PAR 为光合有效辐射；$APAR$ 为植物实际所吸收的光合有效辐射；$K_{24}^{\downarrow}$ 为太阳总辐射；$K_{24}^{\downarrow exo}$ 为地外太阳辐射；d_r 为相对日地距离；ω_s 是日落时角；φ 为地区纬度；δ 为赤纬角；J 为儒略日，即某一天是一年中的第几天；$N(t)$ 为潜在或者说最大日照时数；$n(t)$ 为实际日照时数，由附近的气象站点数据插值获取；t 为时间。

其后，将融合生成的 NDVI 和 LSWI 数据集同化入光能利用率模型中对小麦生物量和单产进行估算，主要原理如下式所列：

$$\varepsilon(x,t) = T_{\varepsilon 1}(x,t)T_{\varepsilon 2}(x,t)W_{\varepsilon}(x,t)\varepsilon^* \tag{4-42}$$

$$Biomass = NPP \cdot T \tag{4-43}$$

$$AGB = Biomass \cdot R \tag{4-44}$$

式中：$T_{\varepsilon 1}$ 和 $T_{\varepsilon 2}$ 为温度对光能转化率的影响；W_{ε} 为水分胁迫影响系数，反映水分条件的影响；T 为植物碳含量与干物质间的转化系数；R 为总生物量与地上生物量间的转化系数；ε^* 为理想条件下的最大光能转化率，全球植被的最大光能转化率为 0.389 g·C/MJ，但对于不同作物，最大光能利用率并不相同。

$T_{\varepsilon 1}$ 反映了在低温和高温时，植物内在的生化作用限制光合作用从而降低了净第一性生产力；$T_{\varepsilon 2}$ 表示环境温度从最适宜温度$[T_{opt}(x)]$向高温和低温变化时植物的光能转化率逐渐变小的趋势。计算公式如下：

$$T_{\varepsilon 1}(x) = 0.8 + 0.02T_{opt}(x) - 0.0005[T_{opt}(x)]^2 \tag{4-45}$$

$$T_{\varepsilon 2}(x) = 1.1814 \frac{1}{1+e^{0.2[T_{opt}(x)-10-T(x,t)]}} \frac{1}{1+e^{0.3[-T_{opt}(x)-10+T(x,t)]}} \tag{4-46}$$

式中：$T_{opt}(x)$为某一区域一年内 NDVI 值达到最高时月份的平均气温。当某月平均温度小于或等于-10 ℃时，$T_{\varepsilon 1}$ 取值为 0。本书中使用 NDVI 值达到最高时的 8 d 的平均气温，当 8 d 平均气温小于或等于-10 ℃时，$T_{\varepsilon 1}$ 取值为 0。研究表明，NDVI 能够反映植物的生长状况，NDVI 值达到最大时，植物生长最快，此时的气温可以在一定程度上代表植物生长的最适温度。就本书来说，$T_{opt}(x)$取冬小麦或夏玉米生长季内 NDVI 最大时的温度。当某

一月平均温度 $T(x,t)$ 比最适温度 $T_{\mathrm{opt}}(x)$ 高 10 ℃或低 13 ℃时，该月的 $T_{\varepsilon 2}$ 值等于月平均温度 $T(x,t)$ 为最适宜温度 $T_{\mathrm{opt}}(x)$ 时 $T_{\varepsilon 2}$ 值的一半。

水分胁迫影响系数(W_{ε})反映植物所能利用的有效水分条件对光能转化率的影响。传统方法中该系数一般为土壤湿度或地表实际蒸散的函数，其局限性在于空间降水和土壤质地数据的空间异质性表达。在一些学者[58,121-122]的研究中，采用多年的时间序列实际蒸散(EET)数据估算生物量模型的水分胁迫影响系数，计算较为复杂。

$$W_{\varepsilon}(x,t) = 0.5 + 0.5\,\frac{EET(x,t)}{PET(x,t)} \tag{4-47}$$

式中：PET 为可能蒸散量，由 Thornthwaite 公式求算；EET 为估计蒸散量，由土壤水分子模型求算。当月平均温度小于 0 ℃时，该月的 $W_{\varepsilon}(x,t)$ 等于前一个月的值，即 $W_{\varepsilon}(x,t-1)$。土壤水分子模型求算过程中需要土壤中的黏粒和砂粒所占的百分比和土壤深度等数据。

而通过遥感方法反演的地表湿润指数(LSWI)能很好地表现地表水分的空间异质性，比较准确地反映地表的湿润状况，从而更好地计算 W_{ε}。

$$W_{\varepsilon}(x,t) = \frac{1 + LSWI}{1 + LSWI_{\max}} \tag{4-48}$$

$$LSWI = \frac{\rho_{\mathrm{nir}} - \rho_{\mathrm{swir}}}{\rho_{\mathrm{nir}} + \rho_{\mathrm{swir}}} \tag{4-49}$$

式中：ρ_{nir} 和 ρ_{swir} 分别表示近红外和短波红外波段的反射率；$LSWI_{\max}$ 表示生长季内每个像元最大的地表湿润指数。对于植被，$LSWI$ 的取值范围为 0～1，W_{ε} 的取值范围为 0.5～1。

光合有效辐射吸收比率(FPAR)是光能利用率模型中一个重要的输入参数，其经常采用归一化植被指数和比值指数等进行估算。在本章中，FPAR 是利用 SR 进行推算的[123]：

$$FPAR = \frac{(SR - SR_{\min}) \cdot (FPAR_{\max} - FPAR_{\min})}{SR_{\max} - SR_{\min}} + FPAR_{\min} \tag{4-50}$$

$$SR = NIR/RED = (1 + NDVI)/(1 - NDVI) \tag{4-51}$$

式中：SR_{max} 和 SR_{min} 分别指在作物种植区占 95%和 5%的 SR 值；$FPAR_{max}$ 为 0.95；$FPAR_{min}$ 为 0.001。

相关研究发现，生物量的累积能够形成作物的单产(Yield)，它们之间存在着一个转换公式[式(4-52)][124]。作物生长的不同阶段，收获指数(HI)会发生变化，因此本书采用 HI 的平均值作为最终的 HI[125]。在研究区内，根据已有的研究成果，将平均 HI 定义为 0.45，模型的输入参数如表 4-4 所列。

$$Yield = \sum_{t=N_0}^{N_1} AGB_t \cdot HI \tag{4-52}$$

式中，N_0 和 N_1 分别表示生长季开始和结束的时间。

表 4-4　小麦生物量和单产估算中的输入参数

参数	描述	取值
ε^* /(g · C/MJ)	最大光能利用率	2.54
R	生物量地上部分所占比例	0.90
HI	收获指数	0.45

4.3.4　结果评价

4.3.4.1　融合结果评价

利用一系列未参与数据融合的影像对融合产生的 100 m 分辨率数据进行评价，选取 5 个统计指标(见表 4-5)作为评价指标。由于在 NDVI 和 LSWI 中存在很多负值，只有 R^2、RMSE、AAD 和 AD 这四个指标用于评价这两个指数的融合精度。

表 4-5　融合影像的评价指标

评价指标	计算公式
相关系数(R^2)	$1-\sum(Y-Y_f)^2/\sum(Y-Y_m)^2$

表 4-5(续)

评价指标	计算公式
均方根误差(RMSE)	$\sqrt{\sum (Y-Y_p)^2/n}$
相对均方根误差(RRMSE)	$\frac{1}{Y_m}\sqrt{\sum (Y-Y_p)^2/n}$
平均绝对偏差(AAD)	$\sum \mid Y-Y_p \mid /n$
平均偏差(AD)	$\sum (Y-Y_p)/n$

注：Y 表示参考影像的像元值；Y_m 表示参考影像的平均值；Y_p 表示预测影像的像元值；Y_f 表示拟合后的像元值。

4.3.4.2　生物量估算评价

由于观测数据值 N 较少($N<100$)，如果使用部分数据构建模型，剩余的去验证生物量和单产模型将会导致观测数据不能被充分利用。因此，本章中使用留一法对估算结果进行交叉验证。留一法主要是将所有样本中的任意一个样本作为验证数据，其余的样本进行模型构建，该步骤重复 N 次。最后，选取 R^2、RMSE 和 RRMSE 用于对模型结果进行评价。

$$RMSE = \sqrt{\frac{1}{n}\sum_{i=1}^{n}(O_i - E_i)^2} \tag{4-53}$$

$$RRMSE=\frac{RMSE}{\bar{O}}\times 100\% \tag{4-54}$$

式中：n 表示观测数据的数量；O_i 表示观测值；E_i 表示估算值；$\bar{O}$ 表示观测值的平均值。

4.4　研究结果

4.4.1　ESTARFM 融合结果

图 4-2 展示了 PROBA-V 100 m 反射率与 ESTARFM 融合得到的反射

率间的相关性。所有散点图的斜率均接近于 1，截距也都很小，表明 ESTARFM 能够准确地预测每幅影像的反射率。对于红光波段，R^2 处于 0.712～0.931 之间；对于近红外波段，R^2 处于 0.503～0.941 之间；对于短波红外波段，R^2 处于 0.880～0.964 之间（见表 4-6）。R^2 的最大值出现在生长季的中期（4 月），而其最小值则出现在生长季的开始或者结束（12 月和 5 月）。值得注意的是，除 12 月 18 日和 5 月 7 日在研究区 1 及 5 月 25 日在研究区 2 外，该算法对于短波红外波段的预测精度最高，而对红光波段的预测精度最低。该结果与之前大量的研究结果相符，即 ESTARFM 在长波段的表现更好[126]。对于 5 月 7 日和 25 日的融合影像，近红外波段的预测精度低于红光波段的精度，这可能是由于农业活动较为频繁，从而导致地表覆盖类型发生变化，而近红外波段相较于红光波段和短波红外波段对这种变化更加敏感。因此，近红外波段的预测精度较低。而在 5 月 25 日的融合影像，三个波段的预测精度均较低，这种现象主要是由于此时研究区处于收获期，地物覆盖情况变化较大，从而导致融合精度低。

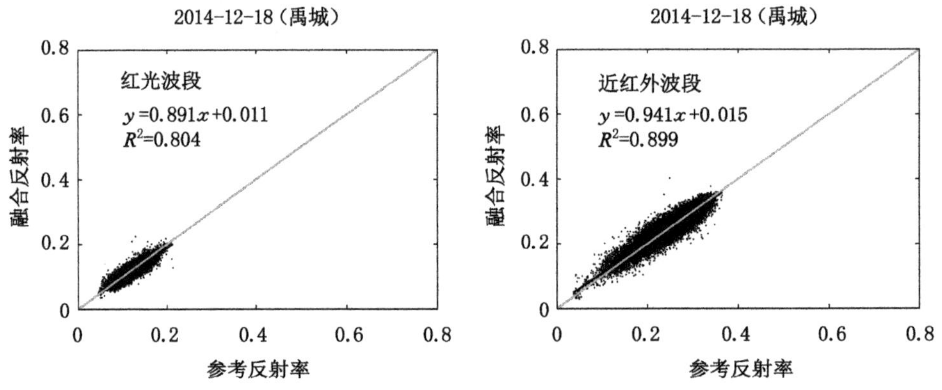

图 4-2　逐像元的参考反射率与融合反射率的相关性

注：灰线为 1∶1 线；黑线为拟合曲线。

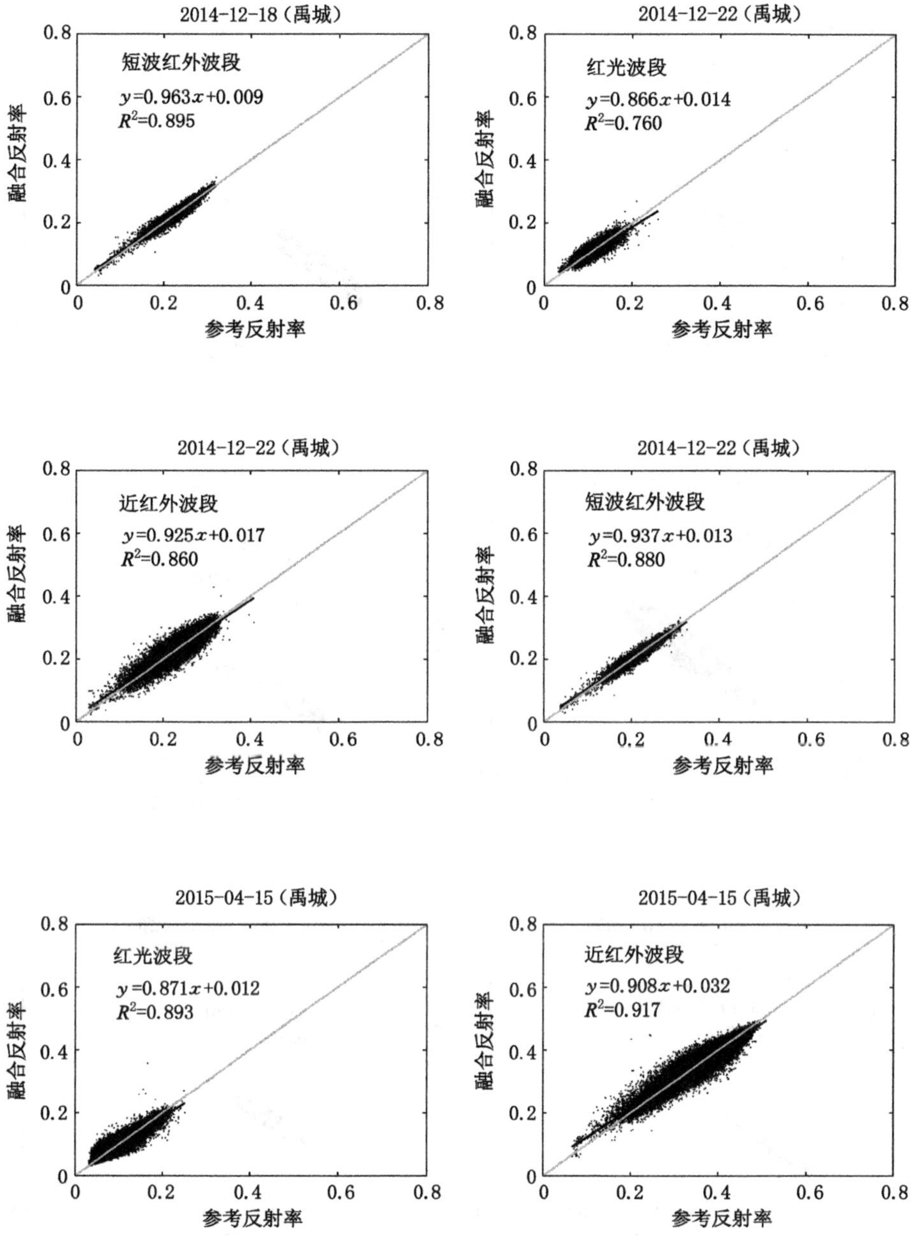
2014-12-18（禹城）
短波红外波段
y=0.963x+0.009
R2=0.895
融合反射率
参考反射率
2014-12-22（禹城）
红光波段
y=0.866x+0.014
R2=0.760
融合反射率
参考反射率
2014-12-22（禹城）
近红外波段
y=0.925x+0.017
R2=0.860
融合反射率
参考反射率
2014-12-22（禹城）
短波红外波段
y=0.937x+0.013
R2=0.880
融合反射率
参考反射率
2015-04-15（禹城）
红光波段
y=0.871x+0.012
R2=0.893
融合反射率
参考反射率
2015-04-15（禹城）
近红外波段
y=0.908x+0.032
R2=0.917
融合反射率
参考反射率

图 4-2(续)

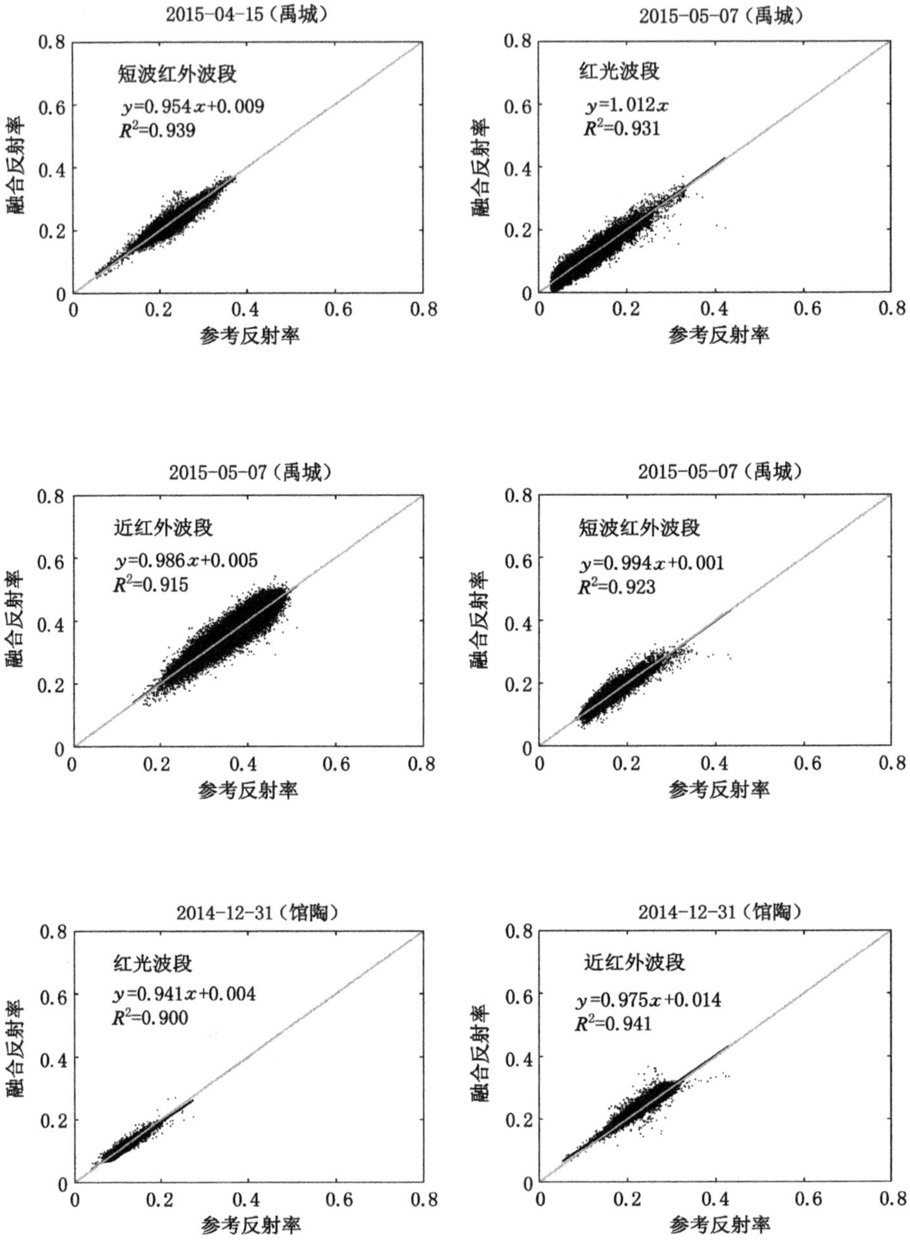
2015-04-15（禹城）
短波红外波段
y=0.954x+0.009
R²=0.939
2015-05-07（禹城）
红光波段
y=1.012x
R²=0.931
2015-05-07（禹城）
近红外波段
y=0.986x+0.005
R²=0.915
2015-05-07（禹城）
短波红外波段
y=0.994x+0.001
R²=0.923
2014-12-31（馆陶）
红光波段
y=0.941x+0.004
R²=0.900
2014-12-31（馆陶）
近红外波段
y=0.975x+0.014
R²=0.941
融合反射率
参考反射率
0
0.2
0.4
0.6
0.8

图 4-2(续)

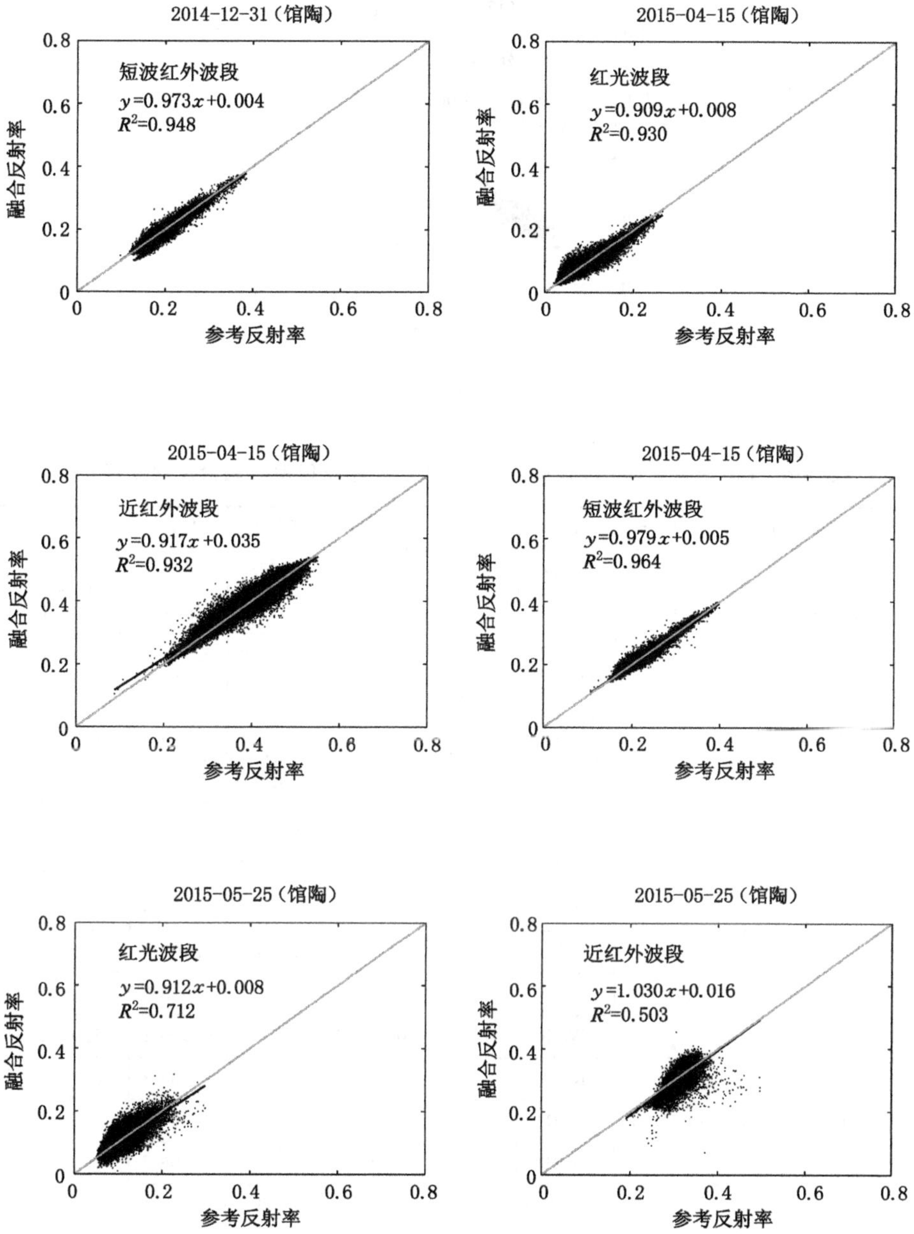
2014-12-31（馆陶）
短波红外波段
y=0.973x+0.004
R²=0.948
融合反射率
参考反射率
2015-04-15（馆陶）
红光波段
y=0.909x+0.008
R²=0.930
融合反射率
参考反射率
2015-04-15（馆陶）
近红外波段
y=0.917x+0.035
R²=0.932
融合反射率
参考反射率
2015-04-15（馆陶）
短波红外波段
y=0.979x+0.005
R²=0.964
融合反射率
参考反射率
2015-05-25（馆陶）
红光波段
y=0.912x+0.008
R²=0.712
融合反射率
参考反射率
2015-05-25（馆陶）
近红外波段
y=1.030x+0.016
R²=0.503
融合反射率
参考反射率

图 4-2(续)

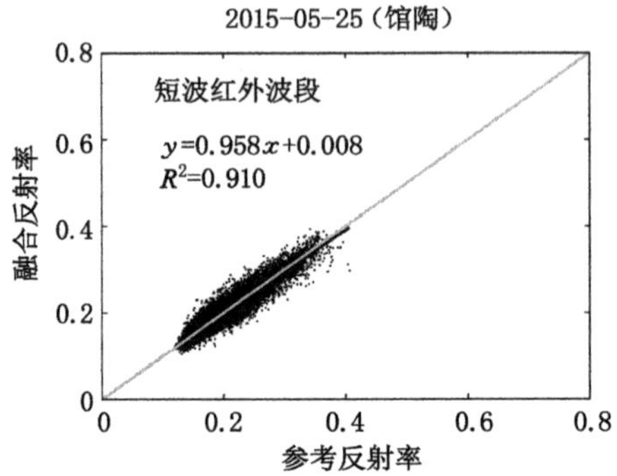

图 4-2（续）

表 4-6　PROBA-V 100 m 逐像元、逐波段的参考反射率与融合反射率评价

区域	日期(100 m)	日期(300 m)	波段	R^2	RMSE	RRMSE	AAD	AD
禹城	2014-12-18	2014-12-18	RED	0.804	0.008 3	0.077 5	0.065 0	9.5×10^{-8}
			NIR	0.899	0.013 2	0.053 6	0.009 9	4.8×10^{-7}
			SWIR	0.895	0.006 2	0.027 8	0.004 7	3.6×10^{-7}
禹城	2014-12-22	2014-12-22	RED	0.760	0.008 9	0.083 8	0.006 8	1.6×10^{-7}
			NIR	0.860	0.014 5	0.062 4	0.010 8	3.9×10^{-7}
			SWIR	0.880	0.006 1	0.028 1	0.004 6	9.6×10^{-8}
禹城	2015-04-15	2015-04-15	RED	0.893	0.010 9	0.123 8	0.008 2	1.8×10^{-7}
			NIR	0.917	0.017 2	0.048 2	0.013 0	4.7×10^{-7}
			SWIR	0.939	0.008 2	0.041 2	0.005 6	1.2×10^{-6}
禹城	2015-05-07	2015-05-07	RED	0.931	0.011 1	0.143 2	0.008 2	2.0×10^{-7}
			NIR	0.915	0.017 5	0.046 4	0.013 0	9.4×10^{-7}
			SWIR	0.923	0.008 6	0.059 5	0.006 1	3.0×10^{-7}
馆陶	2014-12-31	2014-12-31	RED	0.900	0.005 5	0.052 2	0.004 2	8.8×10^{-8}
			NIR	0.941	0.009 4	0.030 8	0.007 0	1.4×10^{-7}
			SWIR	0.948	0.009 7	0.022 4	0.006 7	3.5×10^{-7}
馆陶	2015-04-15	2015-04-15	RED	0.930	0.011 2	0.136 5	0.008 1	5.3×10^{-8}
			NIR	0.932	0.018 1	0.044 3	0.013 4	3.9×10^{-8}
			SWIR	0.964	0.007 4	0.035 6	0.005 1	9.4×10^{-8}

表 4-6(续)

区域	日期(100 m)	日期(300 m)	波段	R^2	RMSE	RRMSE	AAD	AD
馆陶	2015-05-25	2015-05-25	RED	0.712	0.017 5	0.181 3	0.012 2	3.1×10^{-7}
			NIR	0.503	0.019 0	0.059 2	0.013 7	4.3×10^{-6}
			SWIR	0.910	0.011 5	0.062 9	0.008 2	3.8×10^{-7}

注:RED 表示红光波段;NIR 表示近红外波段;SWIR 表示短波红外波段。

融合产生的 NDVI 和 LSWI 与参考的 NDVI 和 LSWI 的相关性如图 4-3 所示。精度评价显示,大部分融合后的数据均分布在 1∶1 线的两侧。预测 NDVI 与参考 NDVI 之间的 R^2 在研究区 1 高于 0.840,在研究区 2 高于 0.69;预测 LSWI 与参考 LSWI 之间的 R^2 在研究区 1 高于 0.840,在研究区 2 高于 0.860。对于 NDVI 来说,平均绝对偏差小于 0.06;对于 LSWI 来讲,平均绝对偏差小于 0.03(见表 4-7)。由于近红外波段反射率的预测精度较低,预测精度最低的 NDVI 出现在 5 月 25 日。通常来说,由于短波红外波段的预测精度高于红波段,融合后的 LSWI 的精度高于 NDVI 的精度。进一步说,尽管 100 m 和 300 m 的空间分辨率数据来自相似的传感器,其进行数据融合具有一定的优势,但融合的数据与参考数据也并不完全一致(见图 4-2 和图 4-3),这可能是由不同观测角度和地表覆被变化造成的。总的来说,融合后的 NDVI 和 LSWI 精度较好、可靠性较高,能用于下面的研究中。

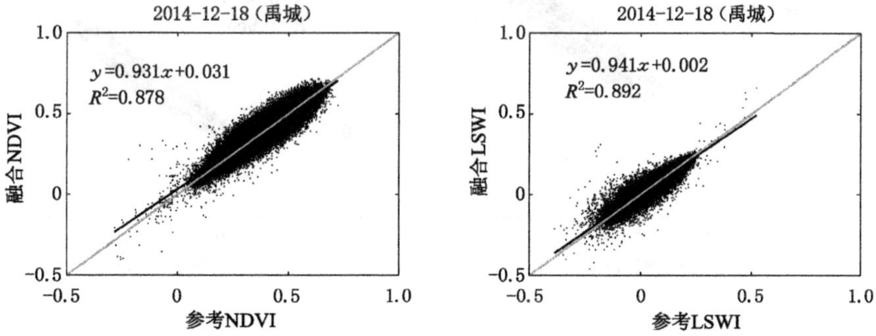

图 4-3　逐像元的参考 NDVI 和 LSWI 与融合 NDVI 和 LSWI 的相关性

注:灰线为 1∶1 线;黑线为拟合曲线。

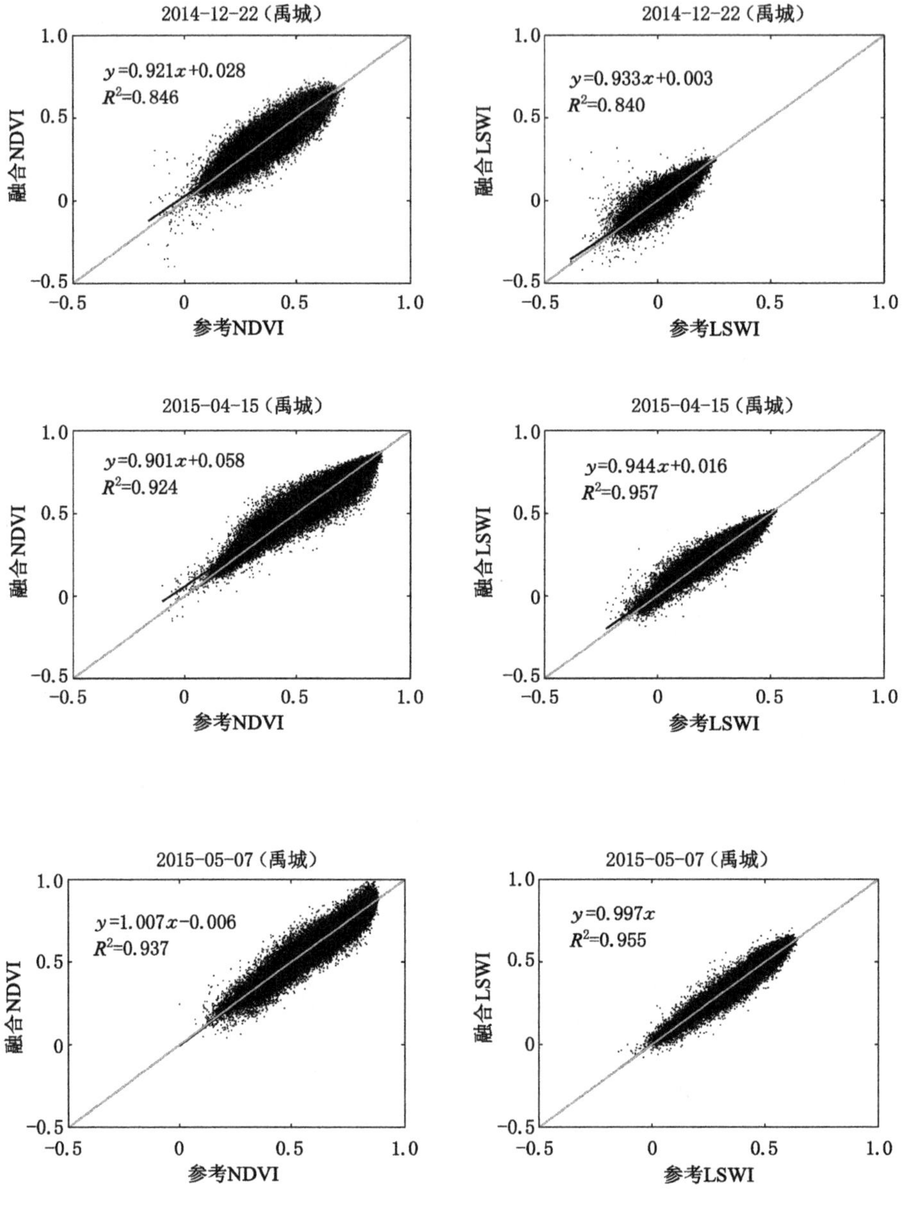
2014-12-22（禹城）
y=0.921x+0.028
R²=0.846
融合NDVI
参考NDVI
2014-12-22（禹城）
y=0.933x+0.003
R²=0.840
融合LSWI
参考LSWI
2015-04-15（禹城）
y=0.901x+0.058
R²=0.924
融合NDVI
参考NDVI
2015-04-15（禹城）
y=0.944x+0.016
R²=0.957
融合LSWI
参考LSWI
2015-05-07（禹城）
y=1.007x−0.006
R²=0.937
融合NDVI
参考NDVI
2015-05-07（禹城）
y=0.997x
R²=0.955
融合LSWI
参考LSWI

图 4-3(续)

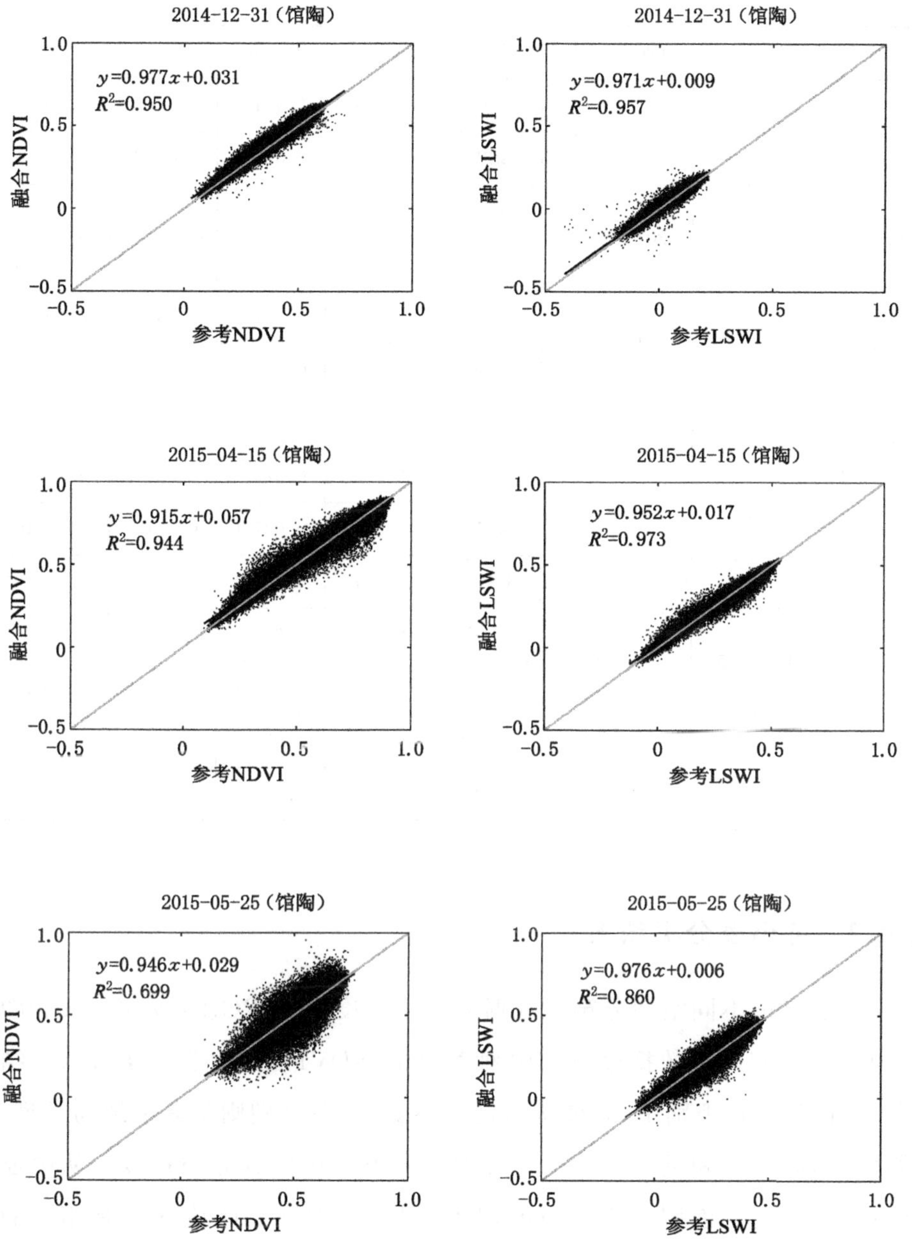
2014-12-31（馆陶）
y=0.977x+0.031
R2=0.950
融合NDVI
参考NDVI
2014-12-31（馆陶）
y=0.971x+0.009
R2=0.957
融合LSWI
参考LSWI
2015-04-15（馆陶）
y=0.915x+0.057
R2=0.944
融合NDVI
参考NDVI
2015-04-15（馆陶）
y=0.952x+0.017
R2=0.973
融合LSWI
参考LSWI
2015-05-25（馆陶）
y=0.946x+0.029
R2=0.699
融合NDVI
参考NDVI
2015-05-25（馆陶）
y=0.976x+0.006
R2=0.860
融合LSWI
参考LSWI

图 4-3(续)

表 4-7　PROBA-V 100 m 逐像元的参考 NDVI 和 LSWI 与融合 NDVI 和 LSWI 评价

区域	日期(100 m)	日期(300 m)	指数	R^2	RMSE	AAD	AD
禹城	2014-12-18	2014-12-18	NDVI	0.878	0.044 7	0.034 4	5.9×10^{-7}
			LSWI	0.892	0.028 5	0.020 3	4.3×10^{-8}
禹城	2014-12-22	2014-12-22	NDVI	0.846	0.037 9	0.049 6	2.4×10^{-7}
			LSWI	0.840	0.032 9	0.023 8	5.1×10^{-8}
禹城	2015-04-15	2015-04-15	NDVI	0.924	0.047 3	0.036 1	6.1×10^{-7}
			LSWI	0.957	0.029 3	0.021 5	1.7×10^{-7}
禹城	2015-05-07	2015-05-07	NDVI	0.937	0.042 3	0.031 6	1.6×10^{-6}
			LSWI	0.955	0.028 1	0.020 4	5.7×10^{-7}
馆陶	2014-12-31	2014-12-31	NDVI	0.950	0.027 4	0.027 0	3.5×10^{-7}
			LSWI	0.957	0.021 3	0.015 6	2.9×10^{-8}
馆陶	2015-04-15	2015-04-15	NDVI	0.944	0.045 3	0.033 5	1.1×10^{-6}
			LSWI	0.973	0.025 6	0.018 1	2.5×10^{-7}
馆陶	2015-05-25	2015-05-25	NDVI	0.699	0.070 3	0.050 9	3.7×10^{-7}
			LSWI	0.860	0.040 7	0.029 8	2.0×10^{-8}

4.4.2　冬小麦分类结果

为了评价不同空间分辨率数据的分类精度，将 PROBA-V 300 m 和融合后 100 m 时间序列数据聚类。10 种类别的 NDVI 曲线如图 4-4 所示。结合图 4-1 和图 4-4，类别 1～5 被认为是冬小麦，其余类别则是其他地物类型，之后，将类别 1～5 和类别 6～10 合成为两大类并评价其分类精度。从中还可以发现一个与先前假设不一致的现象，即所有类别的曲线均具有相同的趋势，这主要是由混合像元和错分造成的。分类结果如图 4-5 和图 4-6 所示。与图 4-6 相比，一些较小的地物，如公路和河流在图 4-5 中可以清楚地看到，这是由于 100 m 数据的空间分辨率较高。精度评价主要是通过地面调查数据实现的(在研究区 1 冬小麦和其他地物类型分别有 92 和 104 个调查点,在研究区 2 则分别有 126 和 154 个调查点)。

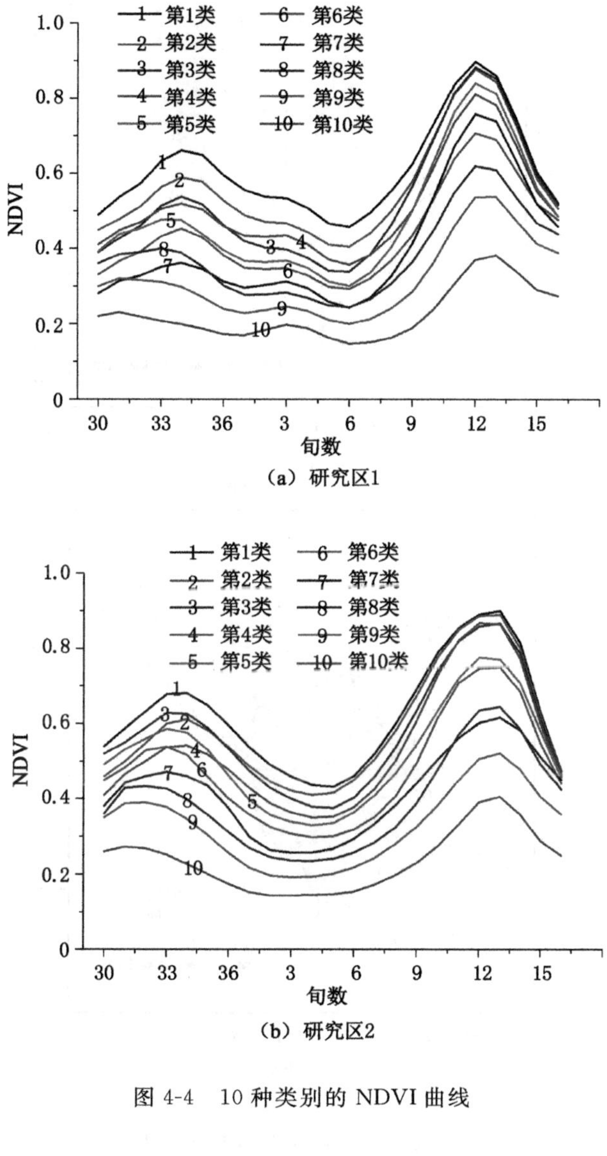

图 4-4　10 种类别的 NDVI 曲线

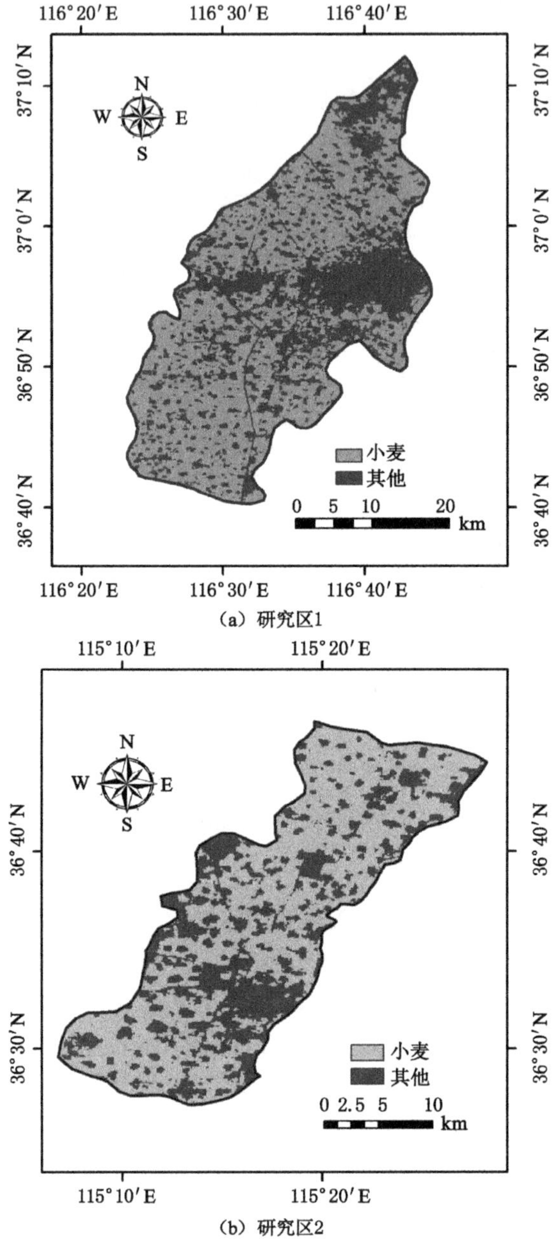

(a) 研究区1

(b) 研究区2

图 4-5　融合产生的 100 m 数据分类结果

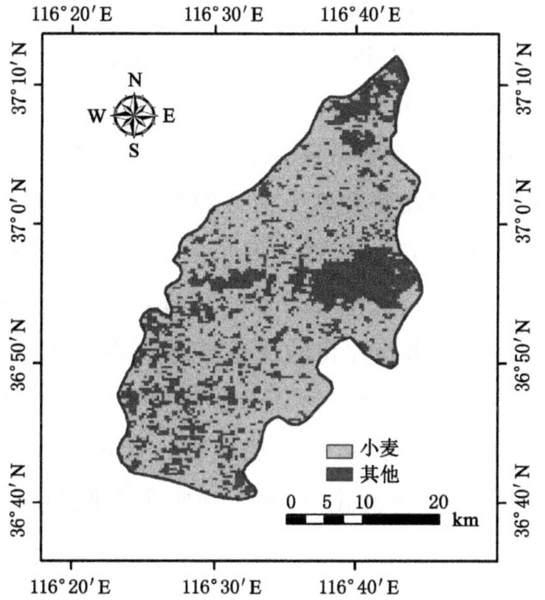

(a) 研究区1

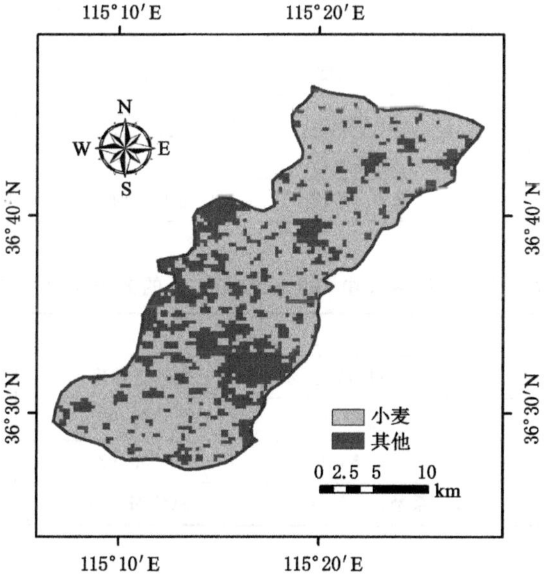

(b) 研究区2

图 4-6　PROBA-V 300 m 序列数据分类结果

本章采用的分类精度评价标准主要包括总体精度、生产者精度、用户精度和 Kappa 系数，如表 4-8 和表 4-9 所列。对于融合数据，总体精度和 Kappa 系数在研究区 1 中分别为 84.69%和 0.719 8，在研究区 2 中分别为 78.57%和 0.570 8。这些结果明显高于 300 m 空间分辨率数据的分类结果（总体精度和 Kappa 系数在研究区 1 中分别为 68.88%和 0.379 5，在研究区 2 中分别为 67.86%和 0.356 2），这主要是由于 300 m 的空间分辨率数据具有较多的混合像元，分类结果精度较低。另外，研究区 1 主要为平原区，而研究区 2 内存在山区，农田碎片化的情况导致其错分现象广泛存在，使得研究区 1 中的生产者精度高于研究区 2。此外，由于表田面积通常较大且较为均一，导致冬小麦的分类精度高于其他地物。这可能是因为在山区 BRDF 的影响导致其在斜坡上出现变化，而麦田通常不会倾斜，因此 BRDF 效应在这些地方较小。

表 4-8　研究区 1 中 100 m 和 300 m 的分类精度评价

类别	100 m		300 m	
	生产者精度/%	用户精度/%	生产者精度/%	用户精度/%
小麦	86.96	81.63	72.83	65.05
其他	82.69	87.76	65.38	73.91
总体精度 84.69%，Kappa 系数 0.719 8			总体精度 68.88%，Kappa 系数 0.379 5	

表 4-9　研究区 2 中 100 m 和 300 m 的分类精度评价

类别	100 m		300 m	
	生产者精度/%	用户精度/%	生产者精度/%	用户精度/%
小麦	80.95	73.91	69.05	63.04
其他	76.62	83.1	66.88	72.54
总体精度 78.57%，Kappa 系数 0.570 8			总体精度 67.86%，Kappa 系数 0.356 2	

4.4.3　生物量和单产估算结果

利用生成的时间序列 NDVI 和 LSWI 对冬小麦的生物量和单产进行预

测。实测生物量与估算生物量间的相关性如图 4-7 所示。基于融合生成的 100 m 分辨率数据集的估算结果与实测值具有很好的一致性[见图 4-7(a)、(b)]，其中，在研究区 1 内 R^2 为 0.864、RMSE 为 191 g/m^2、RRMSE 为 16.7%，在研究区 2 内 R^2 为 0.871、RMSE 为 168 g/m^2、RRMSE 为 12.7%，所有的散点在图中均分布在拟合曲线的两侧，且曲线的斜率为 0.888～0.916。图 4-8 展示通过模拟得到的小麦估算单产与实测单产间相关性也较好，由图可见在研究区 1 内 R^2 为 0.663、RMSE 为 62.8 g/m^2、RRMSE 为 7.27%，在研究区 2 内 R^2 为 0.631、RMSE 为 41.8 g/m^2、RRMSE 为 4.88%。这表明当原始的 PROBA-V 100 m 数据不足时，通过融合获取的数据集也能够用于生物量的估算。同时，利用融合产生的数据集相比 PROBA-V 300 m 数据得到的生物量和单产与实测值的相关性更高(R^2 较高，RMSE 和 RRMSE 较低)，这可能是由于 100 m 数据的空间分辨率更高，能够探测到被 300 m 数据所忽略的细节。我国华北平原地区的农田较为破碎，采用更高分辨率的遥感数据对生物量和单产监测更加有利。

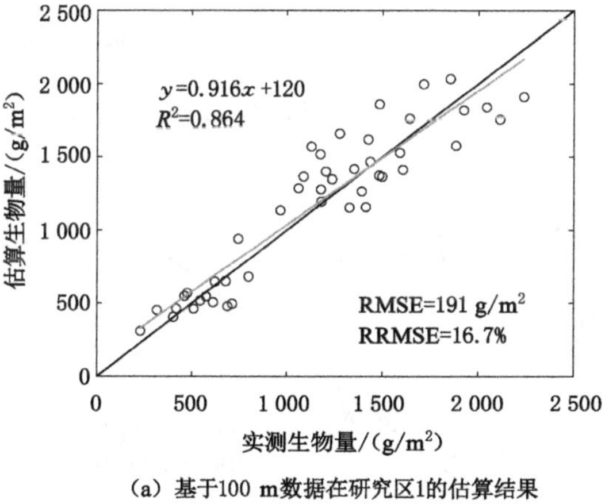

(a) 基于100 m数据在研究区1的估算结果

图 4-7　实测生物量与估算生物量间的相关性

注：黑线为 1∶1 线；灰线为拟合曲线。

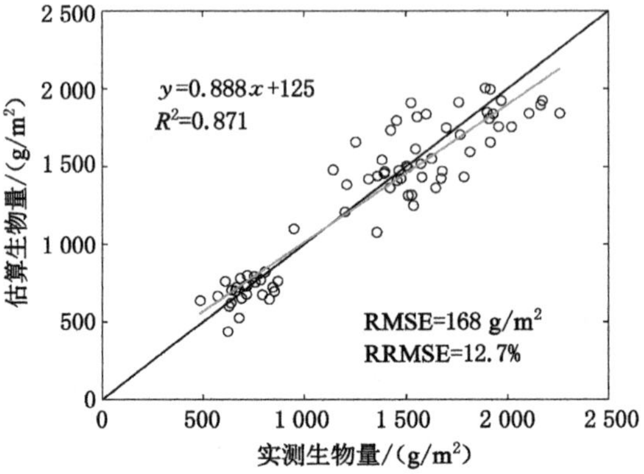

（b）基于100 m数据在研究区2的估算结果

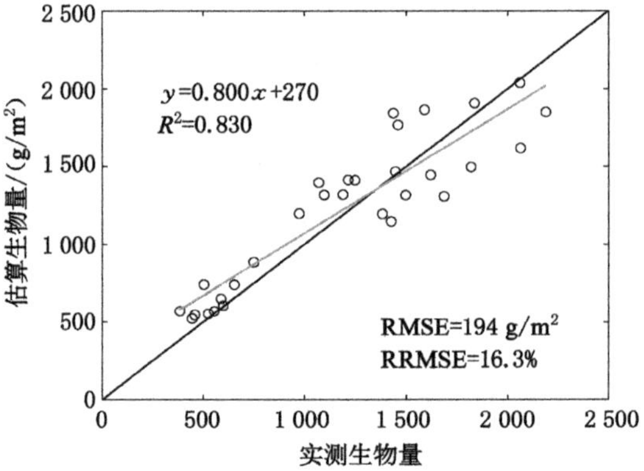

（c）基于300 m数据在研究区1的估算结果

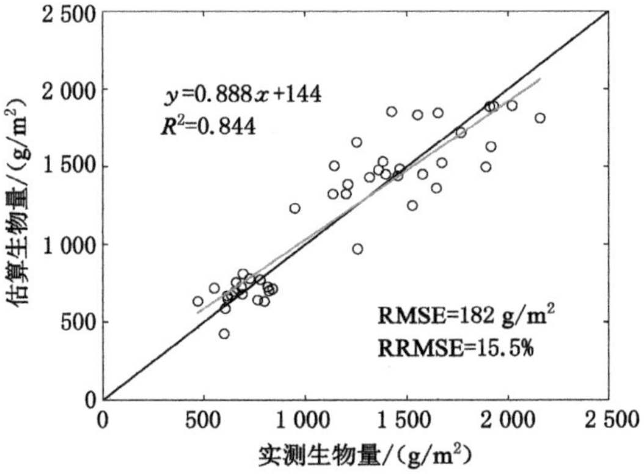

（d）基于300 m数据在研究区2的估算结果

图 4-7(续)

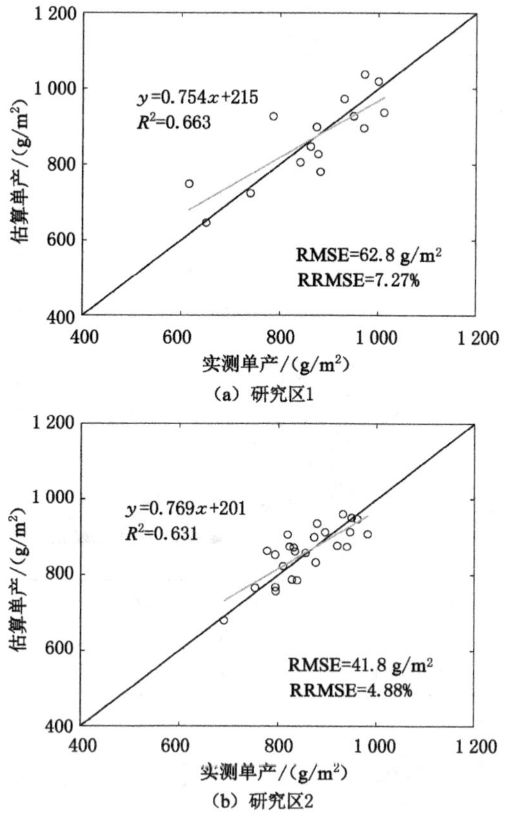

图 4-8　实测单产与估算单产间的相关性

注:黑线为 1∶1 线;灰线为拟合曲线。

利用融合数据估算的 5 月中旬的生物量空间分布图和单产空间分布图分别如图 4-9 和图 4-10 所示。在 5 月中旬,生物量高于 1 000 g/m²,而单产在大部分地区则处于 750～1 000 g/m² 之间。图 4-9(a)和图 4-10(a)表明在禹城市的北部生物量和单产较低、南部生物量和单产较高,这主要是由于其北部地区土地较为贫瘠,而南部地区土壤肥沃、农业设施使用便利,成为该市的主要粮食生产区。相比之下,图 4-9(b)和图 4-10(b)表明,馆陶县的生物量和单产空间分布相对均匀,这是因为该区具有优良的灌溉设施。此外,通过单产分布图能够很容易地获取冬小麦的总产。

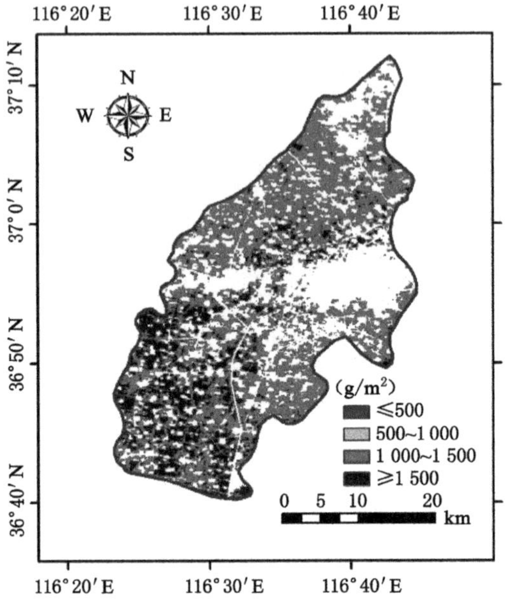

(a) 研究区1

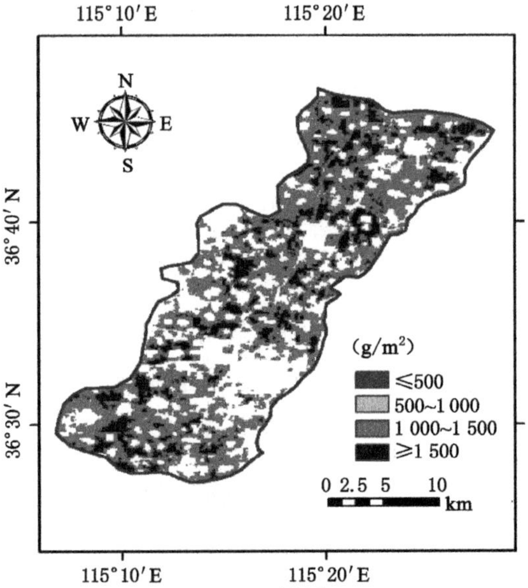

(b) 研究区2

图 4-9 利用融合数据估算的 5 月中旬的生物量空间分布图

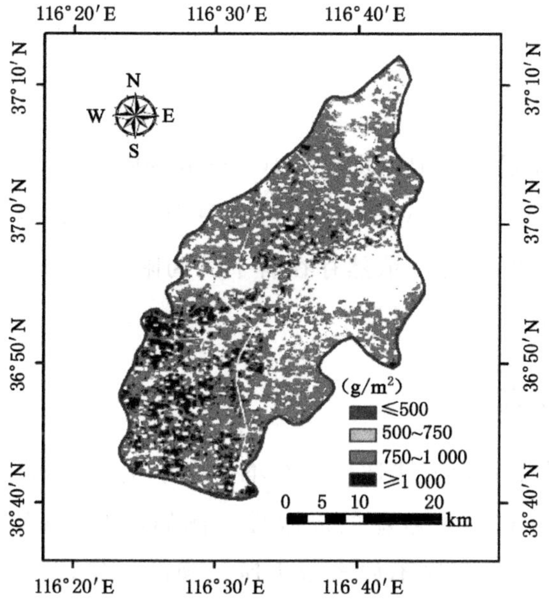

(a) 研究区1

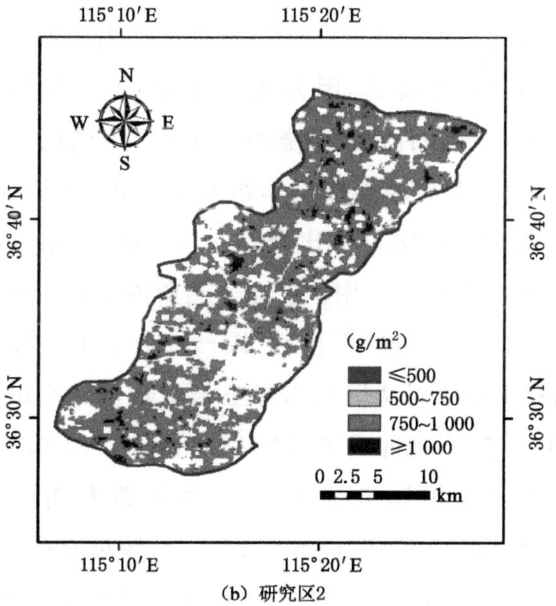

(b) 研究区2

图 4-10　利用融合数据估算的 5 月中旬单产空间分布图

4.5 讨论

本章中，基于已有的PROBA-V 100 m和300 m的S1级数据，通过数据融合和模型的构建，对冬小麦的生物量和单产进行了估算和制图，并取得了理想的结果。然而，该方法依然存在若干的局限性，需要在将来的研究中对其做进一步探讨。

4.5.1 融合方法

虽然时空数据融合方法适用于在本研究中生成时间序列的100 m数据集，但是其仍然存在不可避免的局限性。例如，STARFM算法的表现在较为复杂的异质区域中可能不如本章中所呈现的结果，并且ESTARFM算法的预测可能并不总是如此精确，这是因为反射率线性变化的比率在较长时间段内并不能总是保持恒定[108]。此外，本章所提出的流程在受云等因素影响较为严重的区域可用性降低，因为如果输入的高空间分辨率或低空间分辨率数据受到不利天气条件的严重影响，则融合得到的高空间分辨率数据可能并不会如此准确，最终将会影响作物分类和单产的反演结果。因此，有必要对现有的时空融合算法进行比较并改进。此外，来自多源卫星传感器的遥感影像被广泛应用在建立用于农业监测所需的时间序列的高空间分辨率数据集。例如，Battude等[127]使用Formosat-2，Landsat-8，Deimos-1和SPOT-4影像构建了用于对法国西南部玉米生物量和产量估算的高时间分辨率数据集。Hao等[128]则证明了通过Landsat-5 TM和HJ-1 CCD数据构建的时间序列数据在中国北方新疆作物分类方面具有强大的潜力。Siachalou等[129]则利用RapidEye和Landsat影像对希腊北部灌溉农业地区的作物做了分类。由于这种方法在许多应用和研究中也具有较好的表现，因此有必要在将来的研究中比较两种方法的性能，以检验哪种方法更适合于时间序列数据集的构建。

4.5.2　混合像元

使用高时空遥感数据来描绘作物生理生化参数时空变化的潜力和优势已经被证明[130-131]。尽管与 MODIS 和 SPOT-VGT 数据相比，PROBA-V 100 m 数据的空间分辨率有所提高，但混合像元依然不可避免。例如，受混合像元的影响，图 4-4 中的大多数 NDVI 曲线遵循相似的变化趋势。在本章的研究中，这种影响并没有那么严重，这主要是因为书中只选择面积较大且相对均匀的样地来评价分类和生物量估算的结果。然而，在较为破碎的农田区域中，估算结果的精确性可能会降低，这是因为 PROBA-V 影像中每个像元的反射率代表的是该像元内不同地物反射率的平均值。幸运的是，结合更高空间分辨率和更短重访周期的新卫星（例如欧洲航天局最近发射的 Sentinel-2A 卫星及其后继卫星）将减弱混合像元的影响，从而为田间尺度的作物分类和单产估算提供更好的数据源[132-133]。目前，无人机数据也已成为高空间分辨率数据的重要来源，在未来的研究中，将测试其与卫星数据的融合，以便在将来的研究和应用中更好地进行农业监测[134]。

4.5.3　光能利用效率（LUE）

许多研究人员已经证明 LUE 与作物生长和最终的生物量呈正相关关系[131,135]。当植被和自然生态系统（尤其是作物）不受水、营养物质短缺或不利的气候条件限制时，LUE 对于它们大致恒定的[136-137]。然而，在实际情况下，水、氮和气候条件是影响小麦生长的主要因素，所有这些因素都将最终影响 LUE。Sinclair 等[138]通过查阅相关文献，发现小麦的 LUE 为 0.73～1.62 g/MJ。小麦的 LUE 在不同的地区差异较大，O'Connell 和 Kiniry 等[139-140]在澳大利亚西部和新西兰的研究分别显示 LUE 的值分别为 2.38 g/MJ 和 1.81±0.05 g/MJ。Duchemin 和 Dong 等[141,131]采用 SCEM-UA 算法校正 LUE，其中在摩洛哥中部和加拿大南部的冬小麦 LUE 分别为 1.5 g/MJ 和 3.5 g/MJ。Lobell 等[124]发现墨西哥西北部的 LUE 为 2.2～2.4 g/MJ，与之前的研究结果相似，通常小麦的 LUE 在 2～3 g/MJ 之间[124,140,142]。Tao 等[56]将 LUE 在没有温度和水分胁迫的状况下设定为 4.23 g/MJ，将 LUE 在有胁迫的状况下设定为 3.92 g/MJ，以估算我国的作物产量。一些研究已经证明 LUE 与光合作用途径存在一定关系，例如，C3 和 C4 作物与 LUE 间存在显著的关系[124,143]。

在本章的研究中，将 LUE 设置为恒定值可能也是生物量和单产估算的潜在误差来源，因为 LUE 已经被证明随不同的营养条件和生长阶段而变化。因此，应该在小麦所有生长阶段进行更多的田间实验，以确定适当的 LUE 值。一般来说，小麦的 LUE 可以利用地上生物量干重与截取的光合有效辐射的比率计算，或者采用便携式气体交换系统[如 LI-6200(LI-COR, Inc., Lincoln, NE, USA)]进行测量[137,144]。

4.5.4 FPAR

FPAR 是光能利用率模型的关键输入参数，其通常可以利用遥感数据计算得到[145]。因为许多研究发现一些植被指数和 FPAR 之间存在线性或接近线性的关系，本研究中采用了一种常用且较为简单的方法来反演该参数。因为缺乏地面测量数据，为了评价该方法的有效性，我们选择“哥白尼”提供的(欧洲的全球环境卫星监测系统)的 FPAR 作为参考数据，3 个关键时期(3 月中旬、4 月中旬和 5 月中旬)分别对应于小麦的早、中、晚 3 个生长阶段，用来验证“哥白尼”提供的 FPAR 和本章估算的 FPAR 之间的关系。结果(图 4-11)表明两种产品之间存在良好的一致性($0.51 \leqslant R^2 \leqslant 0.75$，$0.05 \leqslant RMSE \leqslant 0.06$，$8.99\% \leqslant RRMSE \leqslant 16.64\%$)，说明该方法能够用于 FPAR 的估算。

尽管 FPAR 的估算获得了较好的结果，但该方法也存在一些缺陷。例如，对于不同的作物类型和生长阶段，植被指数和 FPAR 之间的相关性也会随之变化。同时，由于在红光和近红外区域中的光吸收和散射非常强烈[146-147]，基于红光波段和近红外波段构建的 VIs(例如 NDVI 和 SR)在中高

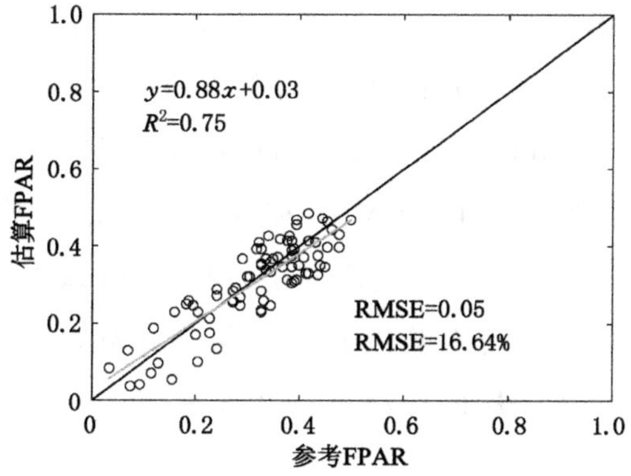

(a) 3月中旬

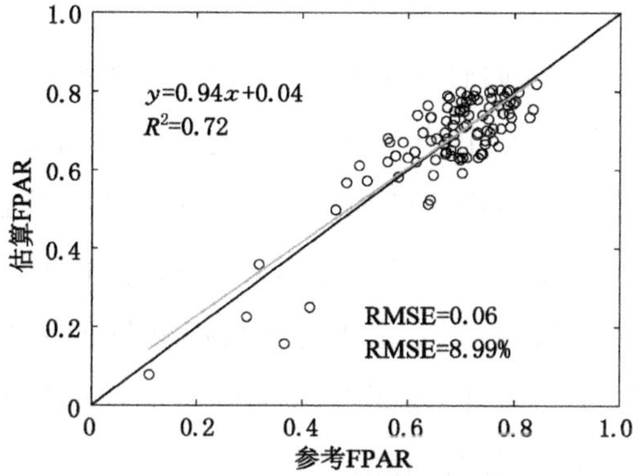

(b) 4月中旬

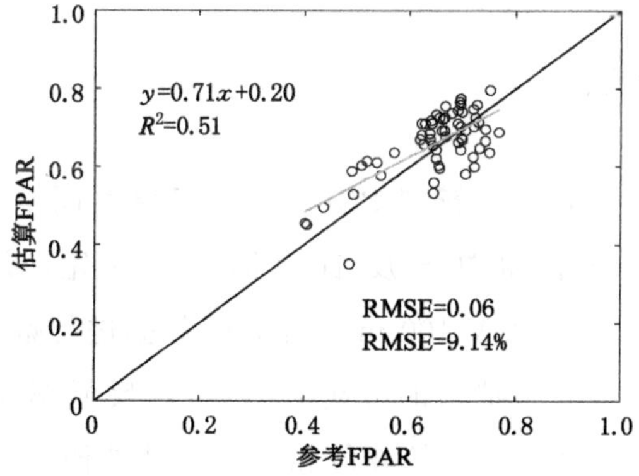

(c) 5月中旬

图 4-11　参考 FPAR 与本章估算 FPAR 间的相关性

注：黑线为 1∶1 线；灰线为拟合曲线。

植被覆盖度下会逐渐饱和。最近，许多研究人员通过修正现有的植被指数或提出新的植被指数来降低其饱和性，并提高 FPAR 反演的精确性。例如，在作物的整个生长季，WDRVI 和 CIgreen 相比，NDVI 对 FPAR 的变化敏感性较高[148-149]。相比 NDVI，NDVIre 和 MTCI 也已经被证明在 LAI 较高时对 FPAR 更敏感[131]。在未来的研究中，FPAR 可以采用这类指数进行计算，还需要进行更多的田间实验以验证结果。此外，基于辐射传输模型的 FPAR 估算也是解决该问题的一种可行性方案[150]。

4.5.5 气象数据

本研究的另外一个局限性来自使用低空间分辨率的气象站点数据来代表整个研究区的气象数据，这几乎是所有建模中常见的方式[151]。一般来说，在地势较为平坦和地物均一的地区，这种方法具有较强的可操作性和可行性。然而，在地形不规则和复杂的地区，气象站点的代表性则必须要仔细考虑。尽管如此，这个问题可以通过气象数据外推或内插技术的发展而得到一定程度的解决[151]。此外，遥感技术也可用于获取较高空间分辨率的气象数据，它也是一种解决问题的途径[152]。

4.6 本章小结

本研究提出了一个基于新型 PROBA-V 卫星不同空间分辨率的 S1 级遥感数据进行生物量和单产反演的框架。首先，使用 STARFM 和 ESTARFM 算法对 PROBA-V 100 m 和 300 m 数据进行融合生成每天 100 m 分辨率的数据集。通过对结果的分析表明，融合反射率与参考反射率的相关性较高（对于红光波段、近红外波段和短波红外波段，R^2 分别高于 0.712、0.503 和 0.880），而且利用融合产生的反射率计算出的 NDVI 和 LSWI 与参考数据具有较强的相关性（对于 NDVI，R^2 在 0.699～0.950 之间；对于 LSWI，R^2 在 0.840～0.973 之间），表明该融合算法具有优异的能力。然后，提出了基于时间序列的 NDVI 聚类方法进行冬小麦种植区的快速识别，并取得了较好的结果，与利用 PROBA-V 300 m 数据得到的分类结果相比，使用 100 m 的数据得到的分类精度提高了 10%～20%。最后，使用光能利用率模型模拟生物量和单产，估算结果与实测值具有较高的一致性(对于生物量，$0.864 \leqslant R^2 \leqslant 0.871$，$168 \leqslant \mathrm{REME} \leqslant 191\ \mathrm{g/m^2}$；对于单产，$0.631 \leqslant R^2 \leqslant 0.663$，$41.8 \leqslant \mathrm{RMSE} \leqslant 62.8\ \mathrm{g/m^2}$)。考虑到 PROBA-V 卫星具有相对较高的空间和时间分辨率，本章所提的方法将有助于利用新的卫星数据及时、准确地监测作物的种植面积和产量。

4.7　本章展望

随着遥感技术的不断进步，尤其是高分辨率卫星影像数据的日益普及，基于遥感数据对作物生物量进行估算已经成为农业科学研究中的重要领域。通过分析和解译遥感影像，研究人员能够精准地估算冬小麦等作物的生物量，为农业生产决策提供有力支持。特别是 PROBA-V 卫星数据，由于其具有较高的空间和时间分辨率，已成为研究作物生长动态及其生物量变化的重要工具。基于 PROBA-V 卫星数据的冬小麦生物量估算不仅为作物生长监测提供了新的视角，还为全球农业可持续发展提供了科学依据。未来，随着遥感技术的不断发展，冬小麦生物量估算的研究将朝着更高精度、更大规模以及多维度的数据融合方向迈进。

PROBA-V 卫星自 2013 年发射以来，提供了高质量的遥感影像数据，成为作物监测领域的关键工具。然而，尽管 PROBA-V 卫星提供了较为精确的植被指数(如 NDVI)数据，但受限于传感器的特性、气候条件的变化以及地面实测数据的缺乏，基于遥感数据的生物量估算仍存在一定的不确定性。因此，如何提高遥感数据的精度，特别是在不同气候条件和地形背景下的适应性，将是未来研究的一个重要方向。首先，数据处理技术的进步有助于提升数据的准确性。通过采用更先进的影像预处理算法，如大气校正、辐射校正等，可以进一步减小由大气层、地表反射特性和传感器误差引起的影响，从而提高生物量估算模型的可靠性。此外，基于多时相数据的综合分析，将能够更好地识别作物生长阶段及其变化，进而提高估算精度。

冬小麦生物量估算不仅仅依赖遥感数据，还需要借助作物生长模型对作物的生长规律进行深入分析。目前，常见的作物生长模型如大豆生长模型(AGROECO)、作物模拟系统(CropSyst)等，在估算过程中主要依据气象、土壤、作物类型等因素进行模拟。然而，不同区域、不同气候条件和不同耕作管理方式下，现有的模型往往面临适用性差和精度低的问题。因此，未来的研究将着重于优化和调整现有模型，使其更加适应不同地理区域和生长环境的特点。通过结合 PROBA-V 卫星数据与作物生长模型，研究人员可以根据植被指数、叶面积指数等遥感指标对作物生长进行实时监测，并根据模拟的生长参数(如生物量、叶绿素含量等)进行预测。未来，随着机器学习和人工智能技术的发展，作物生长模型将更加智能化，能够在实时性和精度上取得更大的突破。

虽然 PROBA-V 卫星提供的影像分辨率为 300 m，但在某些精细化农业管理场景下，可能还不足以满足需求。随着卫星技术的发展，未来将会有更多高分辨率遥感数据可供使用，如 Sentinel-2、WorldView 等高分辨率卫星系统。这些数据可以为农田管理提供更加精准的生物量估算，尤其是在小尺度的农田监测方面具有重要的应用潜力。高分辨率遥感影像数据不仅能够提供更为精准的地表信息，还能够揭示更多作物生长的细节。例如，在作物生长的早期阶段，作物的叶面积和生物量变化微小，通过高分辨率数据的实时监测，可以更早期地捕捉到作物生长过程中的异常，从而为农业生产者提供更为及时的决策支持。此外，通过对高分辨率数据的时空分析，可以揭示作物在不同生长阶段的细微差异，进一步提高生物量估算的精度。

遥感技术的应用不仅仅局限于单一数据源的使用，随着卫星遥感、地面传感器、无人机、气象数据等多种数据源的不断融合，作物生物量估算的精度和适用范围有望得到大幅提升。多源数据融合可以将不同来源数据的优势进行互补，从而克服单一数据源在空间分辨率、时间分辨率、覆盖范围等方面的不足。如结合地面传感器获取的作物生长参数与卫星遥感数据，可以进行数据同化，优化生物量估算模型。地面传感器数据能够提供作物生长的精确实时数据，而遥感影像则能够提供大范围的作物分布信息，两者的结合可以极大地提高生物量估算的精度和代表性。此外，基于无人机的遥感技术可以提供更高频次、更高精度的局部数据，与卫星数据结合，可以为大范围监测提供更加精细化的解决方案。

基于 PROBA-V 卫星数据的冬小麦生物量估算不仅是为了学术研究，也在农业生产中具有重要的应用前景。未来，随着智能化农业管理系统的不断发展，基于遥感数据的作物生物量估算将为精准农业提供关键决策支持。智能化农业管理系统可以将遥感数据、生物量估算结果与气象、土壤、施肥、灌溉等农业生产要素进行关联分析，为农业生产者提出精细化的管理建议。例如，根据生物量估算结果，农业生产者可以实时了解作物的生长状态，从而合理安排灌溉、施肥，避免资源浪费，并提高作物的产量和质量。未来，随着物联网、人工智能等技术的应用，农业管理将变得更加智能化。

随着全球气候变化和土地利用变化的加剧，生态环境保护已成为全球性问题。冬小麦作为全球范围内重要的粮食作物，其生物量估算不仅对农业生产有着重要意义，还在生态环境监测中发挥着重要作用。通过遥感监测冬小麦的生物量变化，研究人员可以有效评估农业生产对生态环境的影响，并为农业可持续发展提供数据支持。如基于遥感数据的生物量估算可以帮助研究人员了解作物生长与气候变化之间的关系，评估气候变化对作物生产的潜在影响。此外，遥感技术还可以用于监测农田土壤的健康状况，如土壤湿度、盐碱化等问题，从而为实现农业的可持续发展提供科学依据。

未来，基于 PROBA-V 卫星等遥感数据的冬小麦生物量估算将继续朝着精度更高、覆盖范围更广和实时性更强的方向发展。随着新型遥感技术的不断发展，未来可能出现更加先进的遥感平台和技术，如激光雷达、合成孔径雷达等，这些新技术将进一步提升作物生物量估算的精度和多样性。此外，遥感数据的多维度融合将成为未来研究的一个重点领域，通过整合地面观测数据、气象数据和卫星遥感数据，研究人员将能够构建更加精准和全面的作物生长模型，为农业生产提供更加科学的决策支持。

第 5 章　基于 GF-1 和 RADARSAT-2 数据的水稻生物量估算

5.1　引言

在全球气候变化和人口快速增长的背景下，农业生产面临着前所未有的挑战。水稻作为全球主要的粮食作物之一，不仅是数十亿人日常饮食的基本组成部分，而且在许多国家和地区的农业经济中占有重要地位。如何精确评估水稻的生物量，尤其是在大范围区域内进行监测和估算，成为提高水稻生产效率、合理调配资源以及制定农业政策的重要任务。水稻的生物量是衡量其生长状况和生产潜力的关键指标，直接影响着作物的产量预测。传统的水稻生物量估算方法多依赖地面采样和人工测量，尽管这些方法具有较高的精度，但由于其耗时、昂贵且难以覆盖大面积农田，限制了其广泛应用。遥感技术则可以通过获取地面影像和数据，结合适当的算法模型，在不接触地面的情况下，实现大尺度、实时的水稻生物量估算。目前，遥感数据的类型日益多样化，不同来源的数据其特性也各不相同。尽管光学影像比其他类型的影像更为常见且易于获取，但光学传感器受天气等因素的影响较大；相比之下，雷达具有较强的穿透能力，不易受天气条件影响，因此能够更有效地通过充分利用多源遥感数据的特性监测生物量。

迄今为止，基于 SAR 数据的极化参数（PPs）统计模型和基于光学影像的 VIs 模型已被广泛应用于生物量估算，因为这些方法比作物生长模型和田间调查方法更加简单、灵活。例如，绿色归一化差异植被指数(gNDVI)、SAVI、OSAVI 和 EVI 已被广泛用于估算生物量[22,26]。Jin 等[46]发现，与 MTVI2 和 SAVI 相比，EVI 与生物量的相关性更强。Jia 等[107]利用神经网络算法研究了三种极化参数(HH、VV 和 HV)在水稻生物量估算中的表现。Tan 等[153]基于水稻生长季的地面和空间散射计观测数据开发了一种半经验生物量反演算法。这些研究取得了令人满意的结果，并表明光学和雷达数据均可用于水稻生物量估算。

近年来，一些研究尝试结合光学和 SAR 数据估算作物生物量，并取得了一定的成功。Gao 等[45]指出，与传统的植被指数相比，结合光学和微波数据获得的植被指数在玉米生物量估算中表现更优。Jin 等[46]发现，利用植被指数和极化参数结合的方法估算冬小麦生物量的精度高于单独使用植被指数或极化参数的方法。因此，这些研究为利用多源遥感数据进行生物量反演提供了新的解决方案。此外，Wu 等[154]使用 RADARSAT-2 的全极化微波后向散射系数(HH、VV、CROSS 和 HH/VV)构建了后向散射过程模型(水云模型)和回归模型以反演水稻生物量。部分研究者[155]通过分析 GF-1 宽视场(WFV)影像的光谱参数与生物量的相关性，建立并评价了水稻拔节期生物量检测模型，结果表明 GF-1 WFV 影像的光谱参数与生物量具有良好的相关性。然而，基于光学影像和 SAR 数据结合估算水稻生物量的研究仍然较少。

GF-1 和 RADARSAT-2 卫星作为当前较为先进的遥感卫星平台，分别在光学遥感和 SAR 遥感领域具有独特优势。GF-1 卫星由中国自主研发，具有较高的空间分辨率，能够获取清晰的农田影像，适用于作物类型分类及生长监测。而 RADARSAT-2 卫星则采用了 SAR 技术，能够穿透云层、雨雪等，昼夜不间断地获取地面信息，这为大范围、多时相的农田监测提供了有力支持。

在本章研究中，作者将基于 GF-1 和 RADARSAT-2 遥感影像，结合地面观测数据，通过分析水稻的光谱特征和雷达特征，探讨了不同波段的遥感数据与水稻生物量之间的关系，提出适用于水稻生物量估算的遥感模型，探索利用光学影像和 SAR 数据联合反演水稻生物量的潜力。

这一研究不仅为进一步提升遥感技术在农业中的应用提供了理论依据，也为农业管理者、政策制定者以及农民提供了科学的依据，帮助他们做出更加精准的农业决策。

5.2　研究区与数据

5.2.1　研究区概况

本章选取的实验区位于广东省台山市，台山市处于广东省沿海，中心经度为东经 112°49′9″，纬度为北纬 22°2′46″。该区域位于我国珠江三角洲，夏季经常受暴雨和云等因素的影响，属典型的亚热带气候，山地和平原纵横交错。种植制度以一年两熟制为主，分为早稻和晚稻。该区早稻一般于 3 月下旬种植，7 月中旬收获；晚稻于 8 月中旬种植，11 月收获。

5.2.2　卫星遥感数据

GF-1 卫星是中国航天科技集团有限公司所属的空间技术研究院航天东方红卫星有限公司研制的应用卫星，是一种高分辨率对地观测卫星（简称“高分卫星”）。GF-1 卫星于 2013 年 4 月 26 日在酒泉卫星发射中心由长征二号丁运载火箭成功发射。它是中国高分辨率对地观测系统的第一颗卫星，配置了 2 台 2 m 分辨率全色和 8 m 分辨率多光谱相机、4 台 16 m 分辨率多光谱宽幅相机，该多光谱宽幅相机的幅宽达到了 800 km。GF-1 卫星突破了高空间分辨率、多光谱与高时间分辨率结合的光学遥感技术，多载荷图像拼接融合技术，高精度高稳定度姿态控制技术，5～8 年寿命高可靠卫星技术，以及高分辨率数据处理与应用等关键技术，对于推动我国卫星技术的提升、提高我国高分辨率数据自给率具有重大的战略意义。GF-1 卫星的传感器参数见表 5-1。

表 5-1　GF-1 卫星的传感器参数

<table>
<tr><th>参数</th><th colspan="2">2 m 分辨率全色/8 m 分辨率多光谱相机</th><th>16 m 分辨率多光谱相机</th></tr>
<tr><td rowspan="5">光谱范围</td><td>全色</td><td>0.45～0.90 μm</td><td>0.45～0.90 μm</td></tr>
<tr><td rowspan="4">多光谱</td><td>0.45～0.52 μm</td><td>0.45～0.52 μm</td></tr>
<tr><td>0.52～0.59 μm</td><td>0.52～0.59 μm</td></tr>
<tr><td>0.63～0.69 μm</td><td>0.63～0.69 μm</td></tr>
<tr><td>0.77～0.89 μm</td><td>0.77～0.89 μm</td></tr>
<tr><td rowspan="2">空间分辨率</td><td>全色</td><td>2 m</td><td rowspan="2">16 m</td></tr>
<tr><td>多光谱</td><td>8 m</td></tr>
<tr><td>幅宽</td><td colspan="2">60 km(2 台相机组合)</td><td>800 km(4 台相机组合)</td></tr>
<tr><td>重访周期(侧摆时)</td><td colspan="2">4 d</td><td></td></tr>
<tr><td>覆盖周期(不侧摆时)</td><td colspan="2">41 d</td><td>4 d</td></tr>
</table>

RADARSAT-2 卫星是一颗搭载 C 波段传感器的高分辨率商用雷达卫星，由加拿大太空署与 MDA 公司合作，于 2007 年 12 月 14 日在哈萨克斯坦拜科努尔航天发射场发射升空。卫星的设计寿命为 7 年，而预计使用寿命可达 12 年，目前已投入运营。RADARSAT-2 卫星具有 3 m 高分辨率成像能力，多种极化方式使用户的选择更为灵活，根据指令进行左右视切换获取图像缩短了卫星的重访周期，增加了立体数据的获取能力。另外，该卫星具有强大的数据存储功能和高精度姿态测量及控制能力。RADARSAT-2 卫星的具体参数如表 5-2 所列，表 5-3 则列出了本研究中使用的两颗卫星遥感数据的采集信息。

表 5-2　RADARSAT-2 卫星的具体参数

卫星种类和参数	说明
卫星种类	C 波段商用 SAR 卫星
运营商	加拿大 MDA 公司

表 5-2(续)

卫星种类和参数	说明
发射时间	2007 年 12 月 14 日
轨道类型	太阳同步轨道
卫星高度	798 km(赤道上空)
重访周期	24 d
轨道周期	100.7 d(14 轨/ d)
拍摄方向	左右侧视
特征	11 种波束模式,左右侧视缩短了重访周期,具有丰富的极化信息

表 5-3　本章选用遥感数据的采集信息

	日期		日期
GF-1 数据	2013-07-22	RADARSAT-2 数据	2013-07-21
	2013-07-31		2013-07-27
	2013-08-06		2013-08-04
	2013-06-09		2013-09-07
	2013-09-18		2013-09-21
	2013-10-18		2013-10-15

5.2.3　地面测量数据

在早稻和晚稻生长的不同时期(见表 5-4),分别选择 25 个观测样地,每个样地内布设 5 个样方,具体采样步骤为:首先在面积较大且相对均质的农田中任意选取 25 个样地,并在每个样地的四角和中心设置 5 个 16 m×16 m 大小(对应 GF-1 影像像元)的样方(见图 5-1),通过 Trimble 手持 GPS 记录相应的坐标信息,其后在每个样方的四角和中心共布设 5 个 0.5 m×0.5 m 的样点(见图 5-1),收集样方内所有样点水稻的地上部分(含茎、叶和穗);然后在实验室内将其先在 105 ℃高温条件下杀青 1 h，再在 80 ℃恒温条件下烘干 24 h 至恒重，称其质量并记录；最后依据样方中样点的总面积，推算出每平方米的地上干生物量，并将其作为不同样方的生物量测量值。

表 5-4　水稻采样日期及其对应生长阶段

作物类型	采样日期	生长阶段
早稻	4 月 18 日	播种期-移栽期
	5 月 22 日	分蘖期
	6 月 15 日	开花期
	7 月 8 日	成熟期
晚稻	8 月 20 日	播种期-移栽期
	9 月 16 日	分蘖期
	10 月 12 日	开花期
	11 月 2 日	成熟期

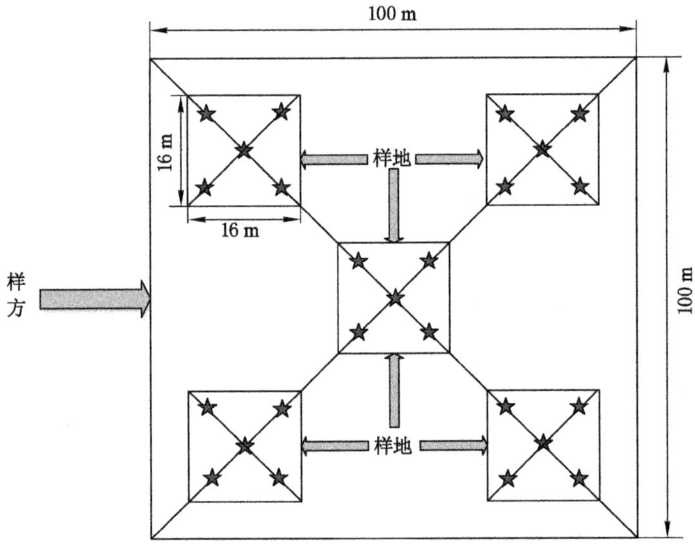

图 5-1　水稻地上生物量调查野外样地设计

5.3　研究方法

5.3.1　遥感数据处理

5.3.1.1　GF-1 数据预处理

GF-1 数据预处理主要包括辐射校正和几何校正两部分:辐射校正是指对外界因素导致数据在获取和传输系统产生的系统的、随机的辐射失真或畸变进行的校正、消除或纠正因辐射误差而引起的影像畸变的过程。辐射校正包含辐射定标和大气校正。辐射定标是将传感器所得的测量值变换为绝对亮度或变换为与地表反射率、表面温度等物理量有关的相对值的处理过程。大气校正的目的是消除大气和光照等因素对地物反射的影响,广义上讲是获得地物反射率、辐射率或者地表温度等真实物理模型参数,狭义上讲是获取地物真实反射率数据。大气校正可以用来消除大气中水蒸气、氧气、二氧化碳、甲烷和臭氧等物质对地物反射的影响,也可以用来消除大气分子和气溶胶散射的影响。大多数情况下,大气校正也是反演地物真实反射率的过程。

遥感影像成图是由于扫描畸变等系统因素,以及遥感平台高度、经纬度、速度和姿态不稳定及地球曲率等非系统因素的影响,导致影像本身的几何位置、大小、方位等特征与现实地物不一致,因此需要进行几何校正。本章将 Landsat 影像作为基准影像对 GF-1 数据进行纠正,控制点的选择以匹配对象为依据,选取图像上易分辨且较精细的特征点。图像边缘一定要选取控制点,并且尽可能满幅均匀地选取 15 个以上的点。本章中所有辐射校正和几何校正过程均在 ENVI5.3 软件中的相关模块中实现。

5.3.1.2　RADARSAT-2 数据预处理

偏振分解方法被认为是从 SAR 影像中获得偏振和物理特征的有效方

法，被应用于全极化 SAR 数据中。在本研究中，使用两种极化分解方法来获得分解参数：Freeman-Durden 方法[156]和特征值分解方法[155]。Freeman-Durden 方法是基于物理散射机制模型的分解算法，根据反向散射功率的特点，将像素分为 3 个散射类别：体散射分量（Freeman_V），二面角散射分量（Freeman_D）和面角散射分量（Freeman_S）。这些参数的总和表示 Freeman_V、Freeman_D、Freeman_S 散射功率的和。与 Freeman-Durden 方法相比，特征值分解方法主要是区分主散射类型及其相关性[155]，而不是将能量分为 3 类。它将相干矩阵分解为不同的特征向量和特征值集合参数，用于描述散射机制，分解参数包括熵（Entropy）和各向异性（Anisotropy）等。另外，选择几个特征值集合参数（单反射特征值相对差异和双反射特征值相对差异）[157]来分析极化参数和生物量之间的相关性，所有的特征值分解过程均在 PolSARPro 5.0 版本中完成。

根据已公开发表的文献以及光学和雷达极化参数对生物量的敏感性，本章使用雷达偏振参数和光学植被指数来估算水稻的生物量。在本研究中，选取雷达极化参数［HH、HV、VV、HH/VV、HH/HV、VV/HV、Freeman_S、Freeman_D、Freeman_V、Anisotropy、Entropy 和雷达植被指数（RVI）］和光学植被指数（如 SR、NDVI、SAVI、OSAVI、EVI 和 MTVI2）对生物量进行反演。

5.3.2 生物量反演

首先，利用光学数据（GF-1）和雷达数据（RADARSAT-2）分别单独估算水稻生物量。然后，将估算精度最高的 VIs 与 PPs 结合起来以估算水稻生物量。在此过程中，采用最佳拟合函数来建立所选 VIs［PPs 和综合指数（VIPPs）］与生物量之间的最佳线性或非线性关系。通过两个标准对这些关系进行评估，即相关系数 R^2 和均方根误差 RMSE。R^2 越接近 1，相关性越强；R^2 越接近 0，相关性越弱。

$$R^2 = \frac{\left\{\sum_{i=1}^{n}\left[(P_i - P)(O_i - O)\right]\right\}^2}{\sum_{i=1}^{n}\left[(P_i - P)^2(O_i - O)^2\right]} \tag{5-1}$$

$$RMSE = \sqrt{\frac{1}{n}\sum_{i=1}^{n}(P_i - O_i)^2} \tag{5-2}$$

式中：P 表示模型估算值的平均值；O 表示实际观测值的平均值；n 表示观测值的数量。

由于在最佳拟合函数为非线性时，R^2 和 RMSE 的数值可能具有误导性，因此使用 $NE_{\Delta AGB}$ 进一步分析所选 VIs、PPs 和 VIPPs 在估算水稻生物量方面的稳定性和敏感性。$NE_{\Delta AGB}$ 按以下公式计算：

$$NE_{\Delta AGB} = RMSE(VIs(PPs,VIPPs)\ \text{vs}\ AGB)/[\mathrm{d}(VIs(PPs,VIPPs))/\mathrm{d}(AGB)] \tag{5-3}$$

式中：$RMSE(VIs\ \text{vs}\ AGB)$ 表示植被指数关于生物量最佳函数的均方根误差，$\mathrm{d}(VIs)/\mathrm{d}(AGB)$ 表示植被指数关于生物量最优拟合函数对生物量的一阶导数。

5.4　研究结果

5.4.1　基于 GF-1 数据的生物量估算

本书选取的基于 GF-1 卫星的植被指数如表 5-5 所列，基于光学植被指数的生物量估算模型及结果如表 5-6 所列，由表中可以得出，本章所选取的光学植被指数均与生物量显著相关，相关系数 R^2 在 0.48～0.62 之间，均方根误差 RMSE 在 0.48～0.56 kg/m² 之间，且相关性由 CIgreen、EVI、SR、NDVI、WDRVI、EVI2、MNDVI、OSAVI、GNDVI、MTVI2 依次降低。从图 5-2 中也能够看出，与第 3 章中的研究结果相似，植被指数也会随着生物量的增加逐渐出现相应的饱和效应。

表 5-5　本章所选用的植被指数

植被指数	计算公式	参考文献
SR	ρ_{nir}/ρ_{red}	[93]
EVI	$2.5[(\rho_{nir}-\rho_{red})/(\rho_{nir}+6\rho_{red}-7.5\rho_{blue})]$	[85]
NDVI	$(\rho_{nir}-\rho_{red})/(\rho_{nir}+\rho_{red})$	[91]
GNDVI	$(\rho_{nir}-\rho_{green})/(\rho_{nir}+\rho_{green})$	[89]
MNDVI	$(\rho_{nir}-\rho_{red})\rho_{green}/[\rho_{red}(\rho_{nir}+\rho_{red})]$	[88]
OSAVI	$(\rho_{nir}-\rho_{red})/(\rho_{nir}+\rho_{red}+0.16)$	[92]
CIgreen	ρ_{nir}/ρ_{green}	[83]
EVI2	$(\rho_{nir}-\rho_{red})/(1+\rho_{nir}+2.4\rho_{red})$	[87]
WDRVI	$\frac{\alpha\rho_{nir}-\rho_{red}}{\alpha\rho_{nir}+\rho_{red}}+\frac{1-\alpha}{1+\alpha}(\alpha=0.2)$	[94]
MTVI2	$\frac{1.5[1.2(\rho_{nir}-\rho_{green})-2.5(\rho_{red}-\rho_{green})]}{\sqrt{(2\rho_{nir}+1)^2-(6\rho_{nir}-5\sqrt{\rho_{red}}-0.5)}}$	[86]

表 5-6　光学植被指数与水稻生物量的相关性

植被指数	最优拟合函数	R^2	RMSE/(kg/m²)
CIgreen	$y=0.0465x^{1.828}-0.133$	0.612 3	0.486 1
EVI	$y=0.1026\exp(1.591x+1.172)$	0.593 9	0.506 2
SR	$y=0.5542\ln(1.255x-1.745)$	0.583 6	0.511 8
NDVI	$y=1.11\exp(1.275x)-1.757$	0.574 6	0.511 8
WDRVI	$y=0.3677\exp(1.18x)$	0.525 7	0.540 7
EVI2	$y=186.6\exp(0.5685x)-187$	0.516 1	0.546 1
MNDVI	$y=0.2778\exp(1.355x)$	0.508 5	0.550 3
OSAVI	$y=0.2222\exp(2.709x)$	0.502 2	0.560 5
GNDVI	$y=0.1437\exp(2.813x)$	0.494 3	0.558 2
MTVI2	$y=0.4194\exp(2.039x)$	0.484 7	0.563 5

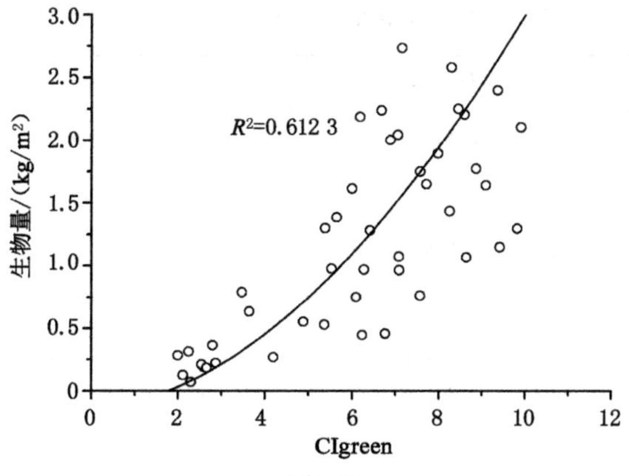

(a) CIgreen

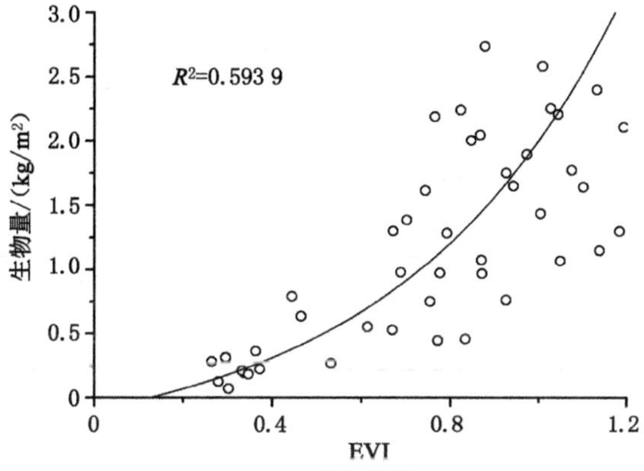

(b) EVI

图 5-2　植被指数与生物量间的相关性

5.4.2　基于 RADARSAT-2 数据的生物量估算

基于雷达极化参数的生物量估算模型及结果如表 5-7 所列，由表中可以得出，本章所选取的极化参数除 Serd、HV、Entropy 和 HH/VV 外，均与生物量显著相关，相关系数在 0.308 0～0.654 3 之间，均方根误差在 0.343 3～0.719 8 kg/m² 之间，且相关性由 HV/VV、HH、HV/HH、VV、Freeman_V、Derd、Freeman_D、Freeman_S、RVI、Anisotropy 依次升高。Anisotropy 和 RVI 与生物量间的相关性如图 5-3 所示。

表 5-7 雷达极化参数与水稻生物量间的相关性

极化参数	最优拟合函数	R^2	RMSE/(kg/m^2)
Freeman_S	$y=-2.114x^{0.2724}+5.281$	0.489 1	0.641 0
Freeman_D	$y=10.39x^{-0.9339}$	0.459 2	0.649 6
Freeman_V	$y=0.0511\exp(0.0433x)$	0.379 1	0.689 1
HH	$y=0.1969x^{-0.9955}$	0.313 3	0.719 8
Anisotropy	$y=0.0164x^{-4.351}$	0.654 3	0.541 8
Derd	$y=0.3726x^{-0.6942}$	0.416 0	0.671 2
RVI	$y=0.1578\exp(3.524x)-1.05$	0.516 2	0.571 1
Serd	$y=0.3525x^{-1.864}$	0.179 5	0.778 6
HV/VV	$y=2.727x^{1.542}$	0.308 0	0.722 2
HV/HH	$y=5.339x^{0.5793}-1.117$	0.340 6	0.714 7
HV	$y=0.979\exp(-0.0254x)$	0.212 3	0.745 3
VV	$y=4.312x+0.3016$	0.371 4	0.343 3
Entropy	$y=3.256x^{3.529}$	0.202 5	0.768 8
HH/VV	$y=1.633x^{-0.237}$	0.110 2	0.807 4

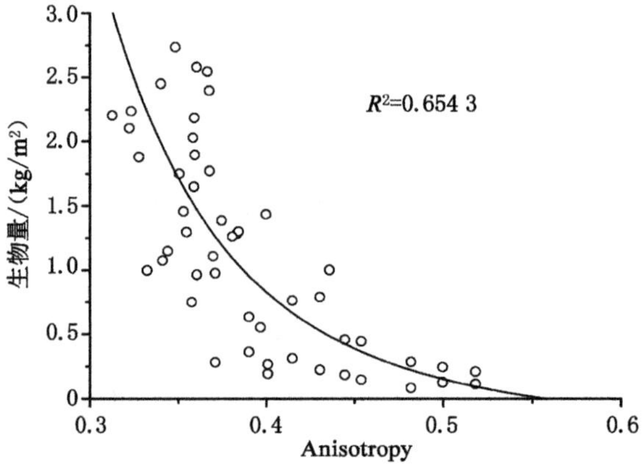

(a) Anisotropy

图 5-3 极化参数与生物量间的相关性

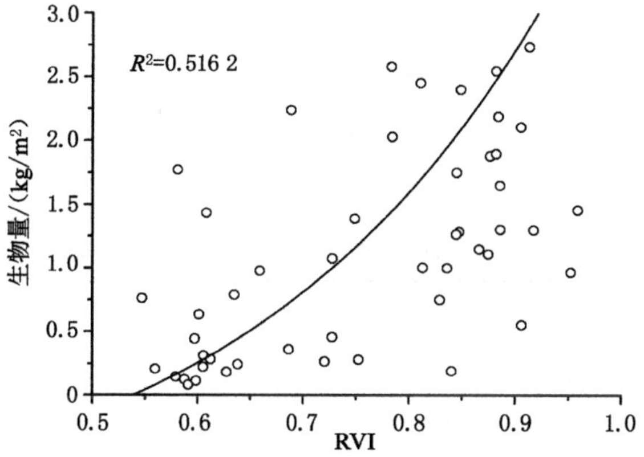

(b) RVI

图 5-3(续)

5.4.3 基于 GF-1 和 RADARSAT-2 数据的生物量估算

为了分析 GF-1 和 Radarsat-2 数据组合后与生物量的相关性,分别选取 CIgreen、EVI 和 Anisotropy、RVI 组成新的植被指数 CIgreen · Anisotropy、CIgreen · RVI、EVI · Anisotropy 和 EVI · RVI,其与生物量间的模型如表 5-8 和图 5-4 所示。通过相关性分析发现,相比单一的植被指数或极化参数,组合指数能够提高生物量的估算精度,且 EVI · Anisotropy 的估算精度最高(R^2=0.704 9;RMSE=0.484 9 kg/m²)。部分指数和极化参数的敏感性分析如图 5-5 所示,Anisotropy 和 CIgreen · Anisotropy 的敏感性随着生物量的增大而升高;而 EVI、CIgreen、RVI 和 CIgreen · RVI 的敏感性则随着生物量的增大而降低。此外,EVI · Anisotropy 和 EVI · RVI 在作物全生长季内的敏感性保持稳定,因此,可以利用它们构建统一的模型用于整个生育期内水稻生物量的反演。

表 5-8　光学植被指数-雷达极化参数与水稻生物量的相关性

植被指数-极化参数	最优拟合函数	R^2	RMSE/(kg/m²)
CIgreen · Anisotropy	$y=-0.4003\exp(-0.8395x)+1.887$	0.680 3	0.508 9
CIgreen · RVI	$y=0.4374\exp(0.2078x)-0.2213$	0.638 4	0.529 1
EVI · Anisotropy	$y=5.492x-0.4225$	0.704 9	0.484 9
EVI · RVI	$y=2.073x-0.0542$	0.683 8	0.506 5

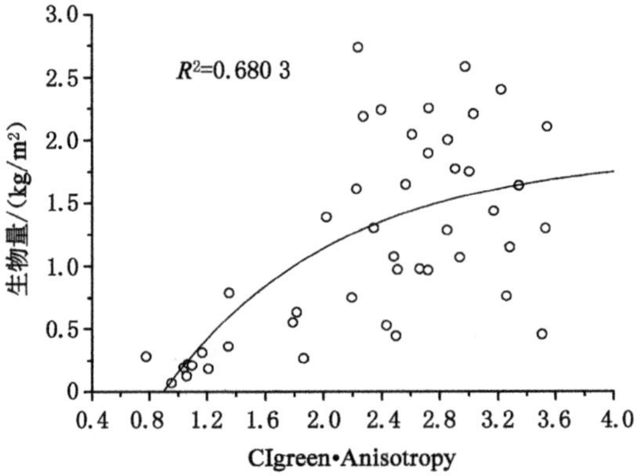

(a) CIgreen•Anisotropy

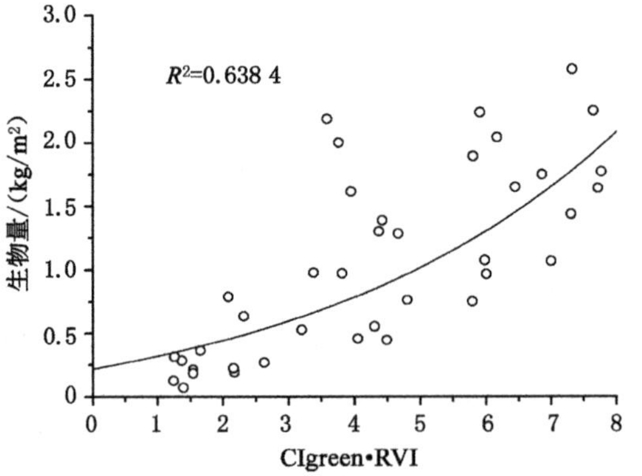

(b) CIgreen•RVI

图 5-4　植被指数-极化参数与生物量间的相关性

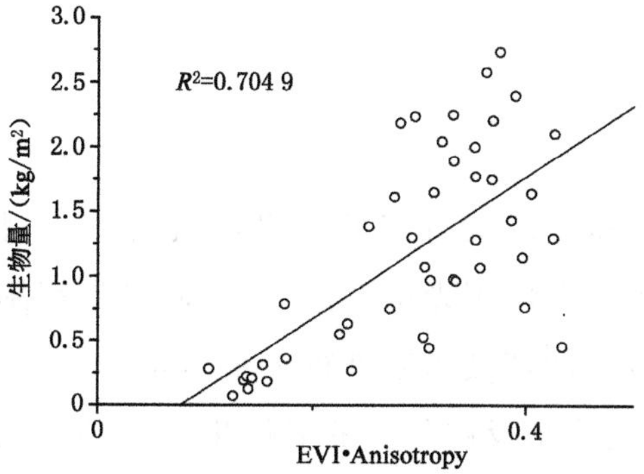

(c) EVI•Anisotropy

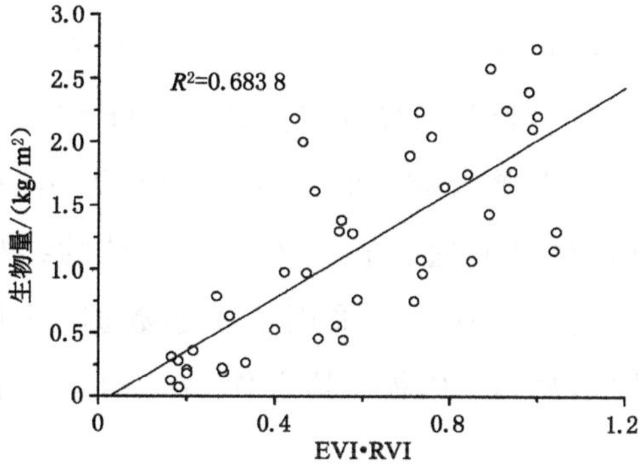

(d) EVI•RVI

图 5-4(续)

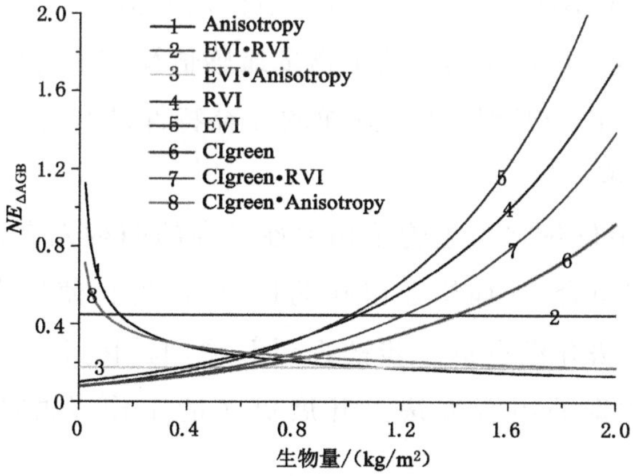

图 5-5　部分指数和极化参数的敏感性分析

5.5 讨论

虽然本章研究取得了较为理想的结果,但也存在一些需要在未来研究中进一步探索的内容。在使用光学影像时,我们只是利用了冠层光谱信息,通过冠层反射率推算出的植被指数进行了生物量的估算。但在作物生长的中后期,反射率光谱更多地反映作物的冠层生物量的变化信息,其与作物总的生物量间仍存在差异。此时,如果能够加入作物的结构信息,则会更加有利于生物量的反演。近年来,一些学者将 MODIS 的二向性反射角度指数[如各向异性指数(ANIX)和各向异性平整指数(AFX)等]作为研究对象,结果表明这些角度指数与光谱指数(如 NDVI 等)并不相同,它们含有与植被结构相关的信息,因此有可能通过它们来提取植被的结构信息[158-160],能够改善生物量估算的精度。尽管本书采用了雷达数据,且其相较于光学影像更能反映出作物结构信息,但本书对其在作物结构上的表现也没有过多的涉及。

农作物冠层与光学和雷达信号具有不同的相互作用机制,光学数据能够较好地反映农作物冠层的生化组分(如叶绿素和生物量等)信息,而雷达数据则可以反映出不同作物之间的冠层结构差异信息。在未来的研究工作中,基于光学与雷达数据相结合的生物量遥感估算方法的研究,可以将两者分别在探测生化组分和冠层结构方面的互补特性结合起来,用以提高水稻生物量的估算精度。

此外,本章中仅仅将与生物量相关性最高的两种光谱指数和极化参数进行简单的乘积组合,从而构建出新的指数,但这种使用乘积的方式是否是最优的组合方法并没有进一步的探讨和说明。因此,在未来的研究中,还需要在两种数据的组合方法上开展更多的工作以便找到最优的组合方式。

5.6 本章小结

本章首先利用 GF-1 光学数据和 Radarsat-2 雷达数据对水稻生物量进行估算，结果表明，所选取的全部植被指数以及大部分极化参数均与水稻生物量显著相关，且 CIgreen 和 Anisotropy 分别具有最高的估算精度（$R^2=0.612\ 3$，RMSE$=0.486\ 1\ \mathrm{kg/m^2}$；$R^2=0.654\ 3$，RMSE$=0.541\ 8\ \mathrm{kg/m^2}$）。然后利用这两种遥感数据所具备的不同特征，将植被指数和极化参数进行组合，结果发现，相比单一的植被指数或极化参数，组合后的指数可以提高生物量的估算精度。通过敏感性分析发现，EVI · Anisotropy 和 EVI · RVI 在水稻的全生育期内对生物量的敏感性保持稳定，因此，可以采用这两种信息组合后的新指数构建水稻全生长周期内生物量的估算模型。总体来说，本章中采用的光学和雷达数据相结合的方法能够提高水稻生物量的估算能力。

随着遥感技术的不断发展和创新，水稻生物量估算的精度和时效性也将不断提高。未来，结合更多类型的遥感数据，如高光谱遥感数据、无人机影像等，可能会进一步改善对作物生长状态的监测能力。与此同时，人工智能和机器学习的引入，将进一步优化遥感数据的处理和分析，提升生物量估算的精准度和可靠性。因此，基于 GF-1 和 RADARSAT-2 数据的水稻生物量估算不仅是当前遥感应用研究中的热点课题，也具有重要的应用前景。

5.7 本章展望

随着遥感技术的迅速发展，基于光学和雷达数据的农田生物量估算已经成为现代农业科学研究中的一个重要领域。这一技术的发展，不仅为精准农业管理提供了强有力的支持，也为全球粮食安全、生态环境监测和气候变化研究提供了新的解决方案。随着科技的不断发展，展望基于光学和雷达数据的农田生物量估算的未来前景，以下几个方向有望成为研究热点：

5.7.1 技术进步驱动下的生物量估算精度提升

近年来，随着遥感平台的多样化与传感器技术的不断进步，获取农田生物量的遥感数据更加全面与精准。光学遥感技术通过更高分辨率的光学影像，可以更加有效地反映作物的生长状态和生物量变化；雷达遥感技术则具有不受气候、光照和地形等因素影响的优势，能够全天候、全天时地进行观测，尤其是在高纬度和复杂气象条件下，雷达遥感数据显示出其独特的优势。未来，随着光学遥感技术与雷达遥感技术的进一步融合，数据获取的精度和时效性将大幅度提升。例如，随着高分辨率卫星的推出（如中国的高分系列卫星和欧洲的 Copernicus 计划卫星），光学遥感数据的空间分辨率将达到亚米级，能够更准确地反映农田生物量的空间分布。此外，随着合成孔径雷达技术的进一步发展，新的算法和数据处理方法也将提升雷达遥感数据对生物量估算的精度。

5.7.2 多源遥感数据融合推动精准估算

未来，光学与雷达遥感数据的融合将成为农田生物量估算中的一个重要方向。单一的遥感数据虽然可以提供有价值的信息，但常常受限于传感器的固有特性和观测条件。因此，多源数据融合技术能够充分利用不同数据源的互补性，提取更多维度的信息，进一步提高估算的精度与可靠性。光学遥感数据能够提供作物的光谱反射特性，反映作物的光合作用、叶面积指数等生长参数；雷达遥感数据则可以提供作物的结构信息，包括作物的高度、密度和粗糙度等。通过数据融合技术，可以将光学遥感数据提供的作物生长状态信息与雷达遥感数据提供的作物结构信息结合，从而获得更全面、更精准的生物量估算结果。尤其是在作物生长的不同阶段，不同数据源所提供的信息可以帮助研究者更精确地捕捉生物量的动态变化。

5.7.3　人工智能与机器学习的应用

随着人工智能和机器学习技术的成熟，基于光学和雷达数据的农田生物量估算正在逐步实现自动化与智能化。传统的遥感数据处理方法通常依赖于经验性模型和回归分析，这些方法在大规模农田监测中往往存在精度不高、计算量大的问题。而采用机器学习模型，特别是深度学习技术，能够通过自动学习数据中的复杂模式，提供更加精确和高效的生物量估算方法。未来，基于光学和雷达遥感数据的生物量估算将在深度学习技术的辅助下，更好地处理非线性关系和复杂的地物变化。例如，卷积神经网络可以在高分辨率遥感图像中自动识别作物类型及其生长状况，循环神经网络（RNN）则可以基于时序数据预测作物生长周期和生物量变化。人工智能的进一步应用，尤其是在遥感数据的自动化分析、模型优化和大数据处理方面，将大幅度提升农田生物量估算的效率和精度。

5.7.4　全球变化和农业应对策略中的应用

全球气候变化对农业生产带来了巨大的挑战，尤其是在粮食安全和生态环境保护方面。农田生物量的估算不仅是作物生产监测的重要手段，也是气候变化研究和农业适应性管理的关键环节。通过遥感技术获取农田生物量数据，可以为评估气候变化对作物生长的影响、预测气候变化对粮食产量的潜在影响提供有力支持。基于光学和雷达遥感数据的生物量估算方法将广泛应用于农业应对策略的制定中。例如，利用遥感数据对不同气候情景下农田生物量的变化进行预测，能够为农作物品种的选择、灌溉管理、施肥调控等农业管理决策提供科学依据。此外，随着遥感技术在全球范围内的普及，农田生物量数据的获取将更加广泛和及时，为应对气候变化带来的农业生产风险提供快速响应。

5.7.5 面临的挑战与未来机遇

尽管基于光学和雷达数据的农田生物量估算取得了显著进展,但仍面临一些技术和应用上的挑战。首先,数据获取的时效性和连续性问题仍然是制约生物量估算精度的一个重要因素。虽然卫星遥感能够提供周期性的观测数据,但由于云层、降水等气象条件的干扰,某些地区的遥感数据缺失仍然是一个问题。如何通过多时相数据的融合、数据插值方法以及基于地面实测数据的补偿技术来解决这些问题,将是未来研究的重点。其次,尽管遥感数据处理技术不断进步,但农田生物量的估算仍然存在一定的不确定性,尤其是在复杂地形或农田管理方式差异较大的地区。未来,需要进一步优化模型算法,增强遥感数据在各种环境下的适应性和可靠性。此外,如何将光学与雷达遥感数据的优势结合,以克服单一数据源的局限性,也是一个重要的研究方向。然而,随着技术的不断创新,未来基于光学和雷达遥感数据的农田生物量估算将迎来更多的机遇。例如,随着全球遥感数据共享平台的建立和数据处理技术的进步,农田生物量估算的全球化和高效化将成为可能。此外,随着无人机、低空遥感平台等新兴技术的发展,在局部区域进行高精度生物量监测将变得更加可行。

基于光学和雷达遥感数据的农田生物量估算技术,正在通过多源数据融合、人工智能技术应用和遥感平台的创新,不断提升其精度和应用范围。面对全球气候变化和农业生产面临的复杂挑战,农田生物量估算将在精准农业、气候变化研究和粮食安全等领域发挥越来越重要的作用。未来,随着技术不断进步和跨学科合作的深入,基于遥感数据的农田生物量估算必将为实现全球农业可持续发展和应对气候变化提供更加科学和有效的支持。

第 6 章　结论与展望

6.1　主要结论

本书综合利用多源遥感数据和地面观测数据，以我国主要的 3 种作物类型为研究对象，利用不同的研究方法，构建出多种生物量的估算模型，为提高作物生物量的估算精度提供思路与参考，主要结论如下：

（1）通过地面多光谱信息和观测数据的分析表明，研究中所选取的植被指数均与冬小麦和春玉米的生物量呈显著的非线性相关关系（对于冬小麦：$0.82 \leqslant R^2 \leqslant 0.94$；$0.158\ \mathrm{kg/m^2} \leqslant \mathrm{RMSE} \leqslant 0.260\ \mathrm{kg/m^2}$，对于春玉米：$0.76 \leqslant R^2 \leqslant 0.94$；$0.112\ \mathrm{kg/m^2} \leqslant \mathrm{RMSE} \leqslant 0.251\ \mathrm{kg/m^2}$）。其中，在有红边存在的指数中，NDVIre 和 CIre 分别对冬小麦和春玉米生物量的估算精度最高，而在无红边波段存在的指数中，CIgreen 对两种作物生物量的估算精度最高。虽然相关性均较高，但也应注意到，在生物量较高时（$1.0\ \mathrm{kg/m^2}$），部分指数如 NDVI、WDRVI 和 MTVI2 等基于近红外波段和红光波段构成的归一化差值指数几乎不再随生物量发生变化，此时这些指数的使用需要予以特别的关注。此外，通过对估算结果的比较和敏感性分析，发现红边指数（NDVIre、mNDVIre、SRre 和 MSRre）相比原始植被指数（NDVI、mNDVI、SR 和 MSR）对生物量具有更高的反演精度，且红边波段的加入在一定程度上延缓了相关指数的饱和效应，表明红边波段能够在一定程度上提高生物量的估算精度，红边指数更适合用于作物生物量的监测。

(2) 本研究为了减弱低空间分辨率影像中混合像元的影响，使用STARFM和ESTARFM算法对PROBA-V 100 m和300 m数据进行融合生成每天100 m分辨率的数据集，结果表明融合反射率与参考反射率的相关性较高（对于RED、NIR和SWIR波段，R^2 分别高于0.712、0.503和0.880），且利用融合产生的反射率计算出的NDVI和LSWI与参考数据具有较强的相关性（对于NDVI，R^2 在0.699～0.950之间；对于LSWI，R^2 在0.840～0.973之间）。

(3) 本研究基于高时空分辨率的NDVI数据集，提出了基于NDVI聚类方法进行冬小麦快速识别的方法，取得了较好的结果，其总体精度高于75%，Kappa系数大于0.55。随着高分辨率卫星的出现，本书提出的方法对未来基于高时空分辨率卫星的作物识别方法研究提供了一种新途径。

(4) 通过将高时空分辨率的NDVI数据与光能利用率模型CASA模型结合，模拟了冬小麦的生物量和单产，估算结果与实测值具有较高的一致性。对于生物量，$0.864 \leqslant R^2 \leqslant 0.871$，168 g/m² ≤ REME ≤ 191 g/m²；对于单产，$0.631 \leqslant R^2 \leqslant 0.663$，41.8 g/m² ≤ RMSE ≤ 62.8 g/m²。

(5) 首先，本书利用GF-1光学数据和Radarsat-2雷达数据对水稻生物量的反演进行了探讨，书中所选取的植被指数和大部分极化参数均与生物量密切相关，其中CIgreen和Anisotropy分别具有最高的估算精度。然后，通过结合不同遥感数据的特征，将光谱指数与极化参数进行组合，结果显示，组合后的指数不仅提高了生物量的估算精度，而且能够在一定程度上延缓指数的饱和特性，且EVI · Anisotropy和EVI · RVI在水稻的全生育期内对生物量的敏感性保持稳定，因此，这两种改进后的指数相较于其他指数更适用于水稻生物量估算模型的构建。

6.2 创新性讨论

(1) 本书针对不同类型的宽波段植被指数，特别是红边指数和叶绿素相关指数在冬小麦和春玉米生物量估算方面的表现进行了深入的研究，构建了多种植被指数与生物量间的模型，系统性地比较了这些模型的相关性，并分析了其在冬小麦和春玉米两种作物生物量估算中的差异，发现红边波段和叶绿素指数能够提高生物量的估算精度，为基于遥感数据的生物量估算提供了一定的依据。

（2）为了减弱低空间分辨率遥感影像中普遍存在的混合像元的影响，本书利用新型 PROBA-V 卫星数据，通过时空数据融合方法将高空间分辨率的数据与高时间分辨率的数据融合，预测出高时空分辨率的时间序列数据集，并将其同化到光能利用率模型中估算冬小麦的生物量，结果发现这种方法不仅提高了生物量估算的精度，同时也改善了制图的空间尺度，为生物量高精度的估算提供了一种可行性思路。

（3）为了提高水稻生物量的估算精度和降低光学指数的饱和特性，本书引入了雷达遥感数据。本书利用光学和雷达遥感数据的不同特征，构建出新的植被指数，研究结果显示，结合雷达遥感数据所构建的新型植被指数不仅提高了水稻生物量的估算精度，而且光学植被指数饱和的缺陷也得到了一定程度的缓解，为水稻生物量的估算提供了潜在的路径。

6.3　未来研究展望

本研究虽然取得了一定的成果，但由于本人的科研水平以及研究时间的限制，本书中的部分研究内容及方法仍然需要做更深入的探讨，许多工作仍然需要进一步展开以便更好地对生物量的估算进行研究。根据作者在研究过程中遇到的问题以及思考，认为有必要在今后的工作中重点开展以下几个方面的研究：

（1）本研究只在禹城和红星农场两个研究区进行了冬小麦和春玉米生物量估算模型的研究。虽然在这两个研究区内取得了较好的效果，但由于采样数据的局限性，如采样的时间间隔、样区的数量及位置等，都会对生物量估算模型构成一定的影响。因此，模型的普适性未得到充分且有效验证，未来计划布设更多的实验区，并增加地面观测的频次，获取更多的地面采样数据和影像数据，以更好地构建生物量估算模型以及对模型的普适性进行更深入的分析。此外，本书也只对两种作物进行了研究，但由于作物的结构和种植方式存在差异，估算模型也可能不同，因此，还需在进一步的研究中增加作物的类型以分析生物量模型在不同作物间的差异。

（2）利用时空融合算法能够生成高时空分辨率数据集，从而降低混合像元的影响，提高作物的分类精度和生物量的估算精度。但是融合产生的高时空分辨率影像的精度在较大程度上受融合算法的影响，而为了提高融合结果的精度，在未来的研究中，需要对不同的融合算法进行比较和分析，以便找到最适宜的时空融合模型；结合具体的应用实际，发展新的影像融合算法也是一种改善融合精度的潜在思路。此外，近年来，利用不同来源的高空间分辨率数据也经常被用于构建时间序列的高时空分辨率数据集。在接下来的研究中，将对这两种方法进行比较，分析不同方法之间的优劣，为农业监测中高精度时间序列影像的构建提供依据。

（3）本书虽然利用光学和雷达数据相结合的方法提高了生物量的估算精度，但是在作物冠层结构特征方面的挖掘深度不够。作物高度和叶形特征也是作物生物量估算过程中的重要特征，这些特征可以考虑挖掘极化SAR特征、极化干涉SAR特征以及光学数据提取的部分参数在作物生物量遥感估算方面的潜力。极化SAR和极化干涉SAR特征将是基于冠层结构特征的农作物生物量遥感估算需要进一步挖掘的方向。

6.4 启示

随着全球人口的持续增长和气候变化的加剧，农业生产面临着粮食需求增加与资源环境约束并存的双重挑战。如何实现作物生产的精准监测和高效管理，成为现代农业研究的核心议题之一。在这一背景下，基于遥感技术的作物生物量估算研究，不仅为作物生长监测和产量预测提供了科学依据，也为粮食安全保障和生态环境保护开辟了新的路径。展望未来，该领域的研究将沿以下几个方向深化发展。

6.4.1　多源数据融合与时空动态监测

未来的遥感研究将更多地关注多源、多尺度数据的融合应用。高分辨率卫星、无人机遥感平台和地面传感器的数据将共同构建多维时空信息网络，从而实现对作物生物量的动态、精细监测。此外，雷达遥感、热红外遥感与光学遥感的协同应用，有望突破单一数据源的局限，全面表征作物的生物物理特性，提升估算模型的稳健性和适用性。

6.4.2　人工智能与大数据技术的深度融合

人工智能尤其是深度学习技术，在遥感数据分析中的潜力正逐步显现。未来，结合卷积神经网络、循环神经网络和时空分析模型等算法，可以从海量遥感数据中挖掘更深层次的信息特征，为地上生物量估算提供更精准的预测工具。同时，大数据技术在存储、处理和共享数据方面的进步，将显著提升遥感数据的处理效率和研究成果的开放性。

6.4.3　模型的区域适用性与跨区域推广

遥感估算模型的区域适用性是制约其实用化的重要因素之一。未来研究需重点解决模型在不同气候条件、作物类型和管理模式下的适用性问题。一方面，可以引入区域特定变量和参数优化算法，增强模型对复杂环境条件的适应能力；另一方面，应推动标准化数据集和模型的建立与共享，为跨区域、跨作物的研究与应用提供统一框架。

6.4.4　遥感技术与农业管理实践的融合

实现遥感技术在农业生产中的真正落地，是未来研究的重要目标。基于遥感估算的作物生长监测、精准施肥与灌溉决策支持系统，将为农业管理提供更科学、高效的工具。同时，随着无人机和自动化农业设备等相关技术的发展，遥感估算结果可以直接应用于作业控制，进一步推动精准农业的发展。

6.4.5 遥感估算在气候变化和生态评估中的应用

全球气候变化对农业生产的影响日益显著。未来研究需探索遥感技术在监测气候变化对作物生长及生物量影响中的应用。例如，通过长时间序列遥感数据分析作物生产的空间分布和动态变化，为评估气候变化风险和制定农业适应性政策提供数据支持。此外，作物地上生物量的遥感估算也可用于碳排放监测和生态系统碳平衡评估，助力生态环境保护。

6.4.6 新型遥感平台与传感器的发展

未来，新型遥感平台与传感器的发展将进一步拓宽遥感研究的边界。例如，微纳卫星星座可以提供更高的时间分辨率，超光谱传感器能够捕捉更精细的光谱信息，这些技术进步将显著提升生物量估算的精度和效率。同时，量子遥感等新兴技术的出现也有可能在数据获取和处理方式上带来革命性变化。

展望未来，基于遥感方法的作物地上生物量估算研究将持续在科学探索与应用实践中前行。通过技术的不断创新与跨学科协作，该领域将不仅为农业生产和资源管理提供更加智能化、精准化的解决方案，还将在推动可持续发展、应对全球性挑战方面发挥更重要的作用。本书期待能够为相关研究提供理论参考与实践启示，并在未来农业和遥感领域的发展中贡献更多价值。

参考文献

[1] 丁参,戴建平.浅析解决全球气候问题的中国理念[J].浙江交通职业技术学院学报,2024,25(3):88-91.

[2] 刘慧.1.4万亿斤 中国饭碗分量更足了[N].经济日报,2025-01-21(006).

[3] 刘海启.以精准农业驱动农业现代化加速现代农业数字化转型[J].中国农业资源与区划,2019,40(1):1-6,73.

[4] FANG J Y,GUO Z D,PIAO S L,et al. Terrestrial vegetation carbon sinks in China,1981—2000[J]. Science in China series D: earth sciences,2007,50(9):1341-1350.

[5] PIAO S L,FANG J Y,CIAIS P,et al. The carbon balance of terrestrial ecosystems in China[J]. Nature,2009,458(7241):1009 1013.

[6] 韩冰,王效科,欧阳志云.中国农田生态系统土壤碳库的饱和水平及其固碳潜力[J].农村生态环境,2005,21(4):6-11.

[7] 刘昱,陈敏鹏,陈吉宁.农田生态系统碳循环模型研究进展和展望[J].农业工程学报,2015,31(3):1-9.

[8] ZHENG Y,ZHANG M,ZHANG X,et al. Mapping winter wheat biomass and yield using time series data blended from PROBA-V 100- and 300-m S1 products[J]. Remote sensing,2016,8(10):824.

[9] 傅玮东,刘绍民,黄敬峰.冬小麦生物量遥感监测模型的研究[J].干旱区资源与环境,1997,11(1):84-89.

[10] 郑阳,吴炳方,张森.Sentinel-2数据的冬小麦地上干生物量估算及评价

[J]. 遥感学报,2017,21(2):318-328.

[11] HORLER D N H, DOCKRAY M, BARBER J. The red edge of plant leaf reflectance[J]. International journal of remote sensing, 1983, 4(2): 273-288.

[12] NGUY-ROBERTSON A, GITELSON A, PENG Y, et al. Green leaf area index estimation in maize and soybean: combining vegetation indices to achieve maximal sensitivity[J]. Agronomy journal, 2012, 104(5): 1336-1347.

[13] WU C Y, NIU Z, TANG Q, et al. Estimating chlorophyll content from hyperspectral vegetation indices: modeling and validation[J]. Agricultural and forest meteorology, 2008, 148(8/9): 1230-1241.

[14] 孙儒泳,李博,诸葛阳,等. 普通生态学[M]. 北京:高等教育出版社,1993.

[15] SCURLOCK J M O, JOHNSON K, OLSON R J. Estimating net primary productivity from grassland biomass dynamics measurements[J]. Global change biology, 2002, 8(8): 736-753.

[16] SHIBAYAMA M, AKIYAMA T. Seasonal visible, near-infrared and mid-infrared spectra of rice canopies in relation to LAI and above-ground dry phytomass[J]. Remote sensing of environment, 1989, 27(2): 119-127.

[17] 徐新刚,吴炳方,蒙继华,等. 农作物单产遥感估算模型研究进展[J]. 农业工程学报,2008,24(2):290-298.

[18] 杜鑫,蒙继华,吴炳方. 作物生物量遥感估算研究进展[J]. 光谱学与光谱分析,2010,30(11):3098-3102.

[19] ZHENG D L, RADEMACHER J, CHEN J Q, et al. Estimating aboveground biomass using Landsat 7 ETM+ data across a managed landscape in northern Wisconsin, USA[J]. Remote sensing of environment, 2004, 93(3):

402-411.

[20] 张文龙.镇域尺度农田生态系统地上生物量遥感估算及地表有机碳储量研究[D].泰安:山东农业大学,2011.

[21] 谭昌伟,王纪华,赵春江,等.利用 Landsat TM 遥感数据监测冬小麦开花期主要长势参数[J].农业工程学报,2011,27(5):224-230.

[22] BAO Y S,GAO W,GAO Z Q. Estimation of winter wheat biomass based on remote sensing data at various spatial and spectral resolutions [J]. Frontiers of earth science in China,2009,3(1):118-128.

[23] ROUMENINA E,KAZANDJIEV V,DIMITROV P,et al. Validation of LAI and assessment of winter wheat status using spectral data and vegetation indices from SPOT VEGETATION and simulated PROBA-V images[J]. International journal of remote sensing, 2013, 34(8): 2888-2904.

[24] CAO Q,MIAO Y X,WANG H Y,et al. Non-destructive estimation of rice plant nitrogen status with Crop Circle multispectral active canopy sensor[J]. Field crops research,2013,154:133-144.

[25] 刘明,冯锐,纪瑞鹏,等.基于 MODIS-NDVI 的春玉米叶面积指数和地上生物量估算[J].中国农学通报,2015,31(6):80-87.

[26] KROSS A,MCNAIRN H,LAPEN D,et al. Assessment of RapidEye vegetation indices for estimation of leaf area index and biomass in corn and soybean crops[J]. International journal of applied earth observation and geoinformation,2015,34:235-248.

[27] MILLER J R,HARE E W,WU J. Quantitative characterization of the vegetation red edge reflectance 1. An inverted-Gaussian reflectance model [J]. International journal of remote sensing,1990,11(10):1755-1773.

[28] HANSEN P M, SCHJOERRING J K. Reflectance measurement of canopy biomass and nitrogen status in wheat crops using normalized

difference vegetation indices and partial least squares regression[J]. Remote sensing of environment,2003,86(4):542-553.

[29] THENKABAIL P S,SMITH R B,DE PAUW E. Hyperspectral vegetation indices and their relationships with agricultural crop characteristics[J]. Remote sensing of environment,2000,71(2):158-182.

[30] 宋开山,张柏,李方,等.高光谱反射率与大豆叶面积及地上鲜生物量的相关分析[J].农业工程学报,2005,21(1):36-40.

[31] 柏军华,李少昆,王克如,等.基于近地高光谱棉花生物量遥感估算模型[J].作物学报,2007,33(2):311-316.

[32] 黄春燕,王登伟,曹连莆,等.棉花地上鲜生物量的高光谱估算模型研究[J].农业工程学报,2007,23(3):131-135.

[33] 王大成,王纪华,靳宁,等.用神经网络和高光谱植被指数估算小麦生物量[J].农业工程学报,2008,24(增刊2):196-201.

[34] 张凯,王润元,王小平,等.黄土高原春小麦地上鲜生物量高光谱遥感估算模型[J].生态学杂志,2009,28(6):1155-1161.

[35] GNYP M L,MIAO Y X,YUAN F,et al. Hyperspectral canopy sensing of paddy rice aboveground biomass at different growth stages[J]. Field crops research,2014,155:42-55.

[36] MUTANGA C,SKIDMORE A K. Narrow band vegetation indices overcome the saturation problem in biomass estimation[J]. International journal of remote sensing,2004,25(19):3999-4014.

[37] 宋洁,刘学录.基于星载激光雷达数据的森林地上生物量估算方法比较[J].生态科学,2024,43(5):52-62.

[38] WIGNERON J P,FERRAZZOLI P,OLIOSO A,et al. A simple approach to monitor crop biomass from C-band radar data[J]. Remote sensing of environment,1999,69(2):179-188.

[39] INOUE Y,KUROSU T,MAENO H,et al. Season-long daily measurements

of multifrequency (Ka, Ku, X, C, and L) and full-polarization backscatter signatures over paddy rice field and their relationship with biological variables[J]. Remote sensing of environment,2002,81(2/3):194-204.

[40] MATTIA F, LE TOAN T, PICARD G, et al. Multitemporal C-band radar measurements on wheat fields[J]. IEEE transactions on geoscience and remote sensing,2003,41(7):1551-1560.

[41] 董彦芳,孙国清,庞勇.基于ENVISAT ASAR数据的水稻监测[J].中国科学(D辑:地球科学),2005,35(7):682-689.

[42] JIA M Q, TONG L, ZHANG Y Z, et al. Multitemporal radar backscattering measurement of wheat fields using multifrequency (L, S, C, and X) and full-polarization[J]. Radio science,2013,48(5):471-481.

[43] INOUE Y, SAKAIYA E, WANG C Z. Capability of C-band backscattering coefficients from high-resolution satellite SAR sensors to assess biophysical variables in paddy rice[J]. Remote sensing of environment,2014,140:257-266.

[44] WISEMAN G, MCNAIRN H, HOMAYOUNI S, et al. RADARSAT-2 polarimetric SAR response to crop biomass for agricultural production monitoring[J]. IEEE journal of selected topics in applied earth observations and remote sensing,2014,7(11):4461-4471.

[45] GAO S, NIU Z, HUANG N, et al. Estimating the Leaf Area Index, height and biomass of maize using HJ-1 and RADARSAT-2-ScienceDirect[J]. International journal of applied earth observation and geoinformation, 2013,24:1-8.

[46] JIN X L, YANG G J, XU X G, et al. Combined multi-temporal optical and radar parameters for estimating LAI and biomass in winter wheat using HJ and RADARSAR-2 data[J]. Remote sensing,2015,7(10):13251-13272.

[47] LIETH H, BOX E. Evapotranspiration and primary productivity[J]. Publications in climatology, 1972, 25(2): 37-46.

[48] UCHIJIMA Z, SEINO H. Agroclimatic evaluation of net primary productivity of natural vegetations[J]. Journal of agricultural meteorology, 1985, 40(4): 343-352.

[49] FIELD C B, RANDERSON J T, MALMSTRÖM C M. Global net primary production: combining ecology and remote sensing[J]. Remote sensing of environment, 1995, 51(1): 74-88.

[50] POTTER C S, RANDERSON J T, FIELD C B, et al. Terrestrial ecosystem production: a process model based on global satellite and surface data[J]. Global biogeochemical cycles, 1993, 7(4): 811-841.

[51] GOETZ S J, PRINCE S D, GOWARD S N, et al. Satellite remote sensing of primary production: an improved production efficiency modeling approach[J]. Ecological modelling, 1999, 122(3): 239-255.

[52] VEROUSTRAETE F, SABBE H, EERENS H. Estimation of carbon mass fluxes over Europe using the C-Fix model and Euroflux data[J]. Remote sensing of environment, 2002, 83(3): 376-399.

[53] PARTON W J, SCURLOCK J M O, OJIMA D S, et al. Observations and modeling of biomass and soil organic matter dynamics for the grassland biome worldwide[J]. Global biogeochemical cycles, 1993, 7(4): 785-809.

[54] MCGUIRE A D, MELILLO J M, KICKLIGHTER D W, et al. Equilibrium responses of global net primary production and carbon storage to doubled atmospheric carbon dioxide: sensitivity to changes in vegetation nitrogen concentration[J]. Global biogeochemical cycles, 1997, 11(2): 173-189.

[55] RUNNING S W, HUNT E R JR. Generalization of a forest ecosystem

process model for other biomes, BIOME-BGC, and an application for global-scale models [M]//Scaling physiological processes. Amsterdam: Elsevier, 1993: 141-158.

[56] TAO F L, YOKOZAWA M, ZHANG Z, et al. Remote sensing of crop production in China by production efficiency models: models comparisons, estimates and uncertainties[J]. Ecological modelling, 2005, 183(4): 385-396.

[57] 闫慧敏,刘纪远,曹明奎.中国农田生产力变化的空间格局及地形控制作用[J].地理学报,2007,62(2):171-180.

[58] DU X, LI Q Z, DONG T F, et al. Winter wheat biomass estimation using high temporal and spatial resolution satellite data combined with a light use efficiency model[J]. Geocarto international, 2015, 30(3): 258-269.

[59] MENG J H, DU X, WU B F. Generation of high spatial and temporal resolution NDVI and its application in crop biomass estimation[J]. International journal of digital earth, 2013, 6(3): 203-218.

[60] 马玉平.基于遥感信息的华北冬小麦区域生长模型及其模拟研究[D].北京:中国气象科学研究院,2004.

[61] MA Y P, WANG S L, ZHANG L, et al. Monitoring winter wheat growth in North China by combining a crop model and remote sensing data [J]. International journal of applied earth observation and geoinformation, 2008, 10(4): 426-437.

[62] 陈劲松,黄健熙,林珲,等.基于遥感信息和作物生长模型同化的水稻估产方法研究[J].中国科学:信息科学,2010,40(增刊1):173-183.

[63] 程志强,蒙继华,纪甫江,等.基于WOFOST模型与UAV数据的玉米生长后期地上生物量估算[J].遥感学报,2020,24(11):1403-1418.

[64] MARTRE P, WALLACH D, ASSENG S, et al. Multimodel ensembles of wheat growth: many models are better than one[J]. Global change

biology,2015,21(2):911-925.

[65] LU D S,CHEN Q,WANG G X,et al.A survey of remote sensing-based aboveground biomass estimation methods in forest ecosystems[J]. International journal of digital earth,2016,9(1):63-105.

[66] 卜帆.基于多源遥感数据的森林地上生物量估算研究[D].南京:南京信息工程大学,2019.

[67] 王铁夫,孙玉军,郭孝玉.基于BP神经网络的马尾松立木生物量模型研究[J].北京林业大学学报,2013,35(2):17-21.

[68] GEVREY M,DIMOPOULOS I,LEK S.Review and comparison of methods to study the contribution of variables in artificial neural network models[J]. Ecological modelling,2003,160(3):249-264.

[69] CORTES C,VAPNIK V. Support-vector networks[J]. Machine learning, 1995,20(3):273-297.

[70] UTGOFF P E,BERKMAN N C,CLOUSE J A. Decision tree induction based on efficient tree restructuring[J].Machine learning,1997,29(1): 5-44.

[71] BREIMAN L.Random forests[J].Machine learning,2001,45(1):5-32.

[72] ASTOLA H,HÄME T,SIRRO L,et al. Comparison of Sentinel-2 and Landsat 8 imagery for forest variable prediction in boreal region[J]. Remote sensing of environment,2019,223:257-273.

[73] FANG L,YANG J,ZHANG W Q,et al.Combining allometry and landsat-derived disturbance history to estimate tree biomass in subtropical planted forests[J]. Remote sensing of environment,2019, 235:111423.

[74] LI Y C,LI M Y,LI C,et al. Forest aboveground biomass estimation using Landsat 8 and Sentinel-1A data with machine learning algorithms[J]. Scientific reports,2020,10(1):9952.

[75] TARNAVSKY E,GARRIGUES S,BROWN M E. Multiscale geostatistical analysis of AVHRR,SPOT-VGT,and MODIS global NDVI products[J]. Remote sensing of environment,2008,112(2):535-549.

[76] ATZBERGER C. Advances in remote sensing of agriculture: context description,existing operational monitoring systems and major information needs[J]. Remote sensing,2013,5(2):949-981.

[77] PENG D L,HUANG J F,LI C J,et al. Modelling paddy rice yield using MODIS data[J]. Agricultural and forest meteorology,2014,184:107-116.

[78] FENG X,LIU G,CHEN J M,et al. Net primary productivity of China's terrestrial ecosystems from a process model driven by remote sensing[J]. Journal of environmental management,2007,85(3):563-573.

[79] 任建强,陈仲新,唐华俊. 基于 MODIS-NDVI 的区域冬小麦遥感估产：以山东省济宁市为例[J]. 应用生态学报,2006,17(12):2371-2375.

[80] 陈鹏飞,NICOLAS TREMBLAY,王纪华,等. 估测作物冠层生物量的新植被指数的研究[J]. 光谱学与光谱分析,2010,30(2):512-517.

[81] FU Y Y,WANG J H,YANG G J,et al. Comparison of three regression methods for the winter wheat biomass estimation using hyperspectral data [J]. Applied mechanics and materials,2013,380-384:1843-1846.

[82] GITELSON A A,GRITZ Y,MERZLYAK M N. Relationships between leaf chlorophyll content and spectral reflectance and algorithms for non-destructive chlorophyll assessment in higher plant leaves[J].Journal of plant physiology,2003,160(3):271-282.

[83] GITELSON A A,VIÑA A,CIGANDA V,et al. Remote estimation of canopy chlorophyll content in crops[J]. Geophysical research letters,2005, 32(8):2005GL022688.

[84] GITELSON A A,PENG Y,HUEMMRICH K F. Relationship between fraction of radiation absorbed by photosynthesizing maize and soybean

canopies and NDVI from remotely sensed data taken at close range and from MODIS 250m resolution data[J]. Remote sensing of environment, 2014, 147:108-120.

[85] HUETE A, DIDAN K, MIURA T, et al. Overview of the radiometric and biophysical performance of the MODIS vegetation indices[J]. Remote sensing of environment, 2002, 83(1/2):195-213.

[86] HABOUDANE D, MILLER J R, PATTEY E, et al. Hyperspectral vegetation indices and novel algorithms for predicting green LAI of crop canopies: modeling and validation in the context of precision agriculture[J]. Remote sensing of environment, 2004, 90(3):337-352.

[87] JIANG Z Y, HUETE A R, DIDAN K, et al. Development of a two-band enhanced vegetation index without a blue band[J]. Remote sensing of environment, 2008, 112(10):3833-3845.

[88] SIMS D A, GAMON J A. Relationships between leaf pigment content and spectral reflectance across a wide range of species, leaf structures and developmental stages[J]. Remote sensing of environment, 2002, 81(2/3):337-354.

[89] CHEN J M. Evaluation of vegetation indices and a modified simple ratio for boreal applications[J]. Canadian journal of remote sensing, 1996, 22(3):229-242.

[90] DASH J, CURRAN P J. The MERIS terrestrial chlorophyll index[J]. International journal of remote sensing, 2004, 25(23):5403-5413.

[91] ROUSE J W, HAAS R H, Schell J A. Monitoring vegetation systems in the great plains with ERTS[C]//Proceedings of the Third ERTS Symposium. Washington DC, 1973:309-317.

[92] GITELSON A A, MERZLYAK M N. Remote estimation of chlorophyll content in higher plant leaves[J]. International journal of remote sensing,

1997,18(12):2691-2697.

[93] JORDAN C F. Derivation of leaf-area index from quality of light on the forest floor[J]. Ecology,1969,50(4):663-666.

[94] GITELSON A A.Wide dynamic range vegetation index for remote quantification of biophysical characteristics of vegetation[J]. Journal of plant physiology,2004,161(2):165-173.

[95] CHARLES J G H, BEDDINGTON J R, CRUTE I R, et al.Food security:the challenge of feeding 9 billion people[J]. Science,2010,327(5967):812-818.

[96] 徐佳利."全球南方"粮食安全合作与中国角色[J]. 发展研究,2025,42(2):16-24.

[97] 刘立光. 国家粮食安全的历史成就、现实挑战及实现路径[J]. 求知,2025(4):37-40.

[98] XIN Q C,GONG P,YU C Q,et al.A production efficiency model-based method for satellite estimates of corn and soybean yields in the Midwestern US[J]. Remote sensing,2013,5(11):5926-5943.

[99] FENSHOLT R,RASMUSSEN K,NIELSEN T T,et al.Evaluation of earth observation based long term vegetation trends: intercomparing NDVI time series trend analysis consistency of Sahel from AVHRR GIMMS,Terra MODIS and SPOT VGT data[J].Remote sensing of environment,2009,113(9):1886-1898.

[100] MAISONGRANDE P,DUCHEMIN B,DEDIEU G. VEGETATION/SPOT:an operational mission for the Earth monitoring;presentation of new standard products[J]. International journal of remote sensing,2004,25(1):9-14.

[101] DIERCKX W,STERCKX S,BENHADJ I,et al. PROBA-V mission for global vegetation monitoring:standard products and image quality

[J]. International journal of remote sensing, 2014, 35(7): 2589-2614.

[102] ROUMENINA E, ATZBERGER C, VASSILEV V, et al. Single- and multi-date crop identification using PROBA-V 100 and 300 m S1 products on zlatia test site, Bulgaria[J]. Remote sensing, 2015, 7(10): 13843-13862.

[103] LAMBERT M J, WALDNER F, DEFOURNY P. Cropland mapping over Sahelian and sudanian agrosystems: a knowledge-based approach using PROBA-V time series at 100-m[J]. Remote sensing, 2016, 8(3): 232.

[104] MERONI M, FASBENDER D, BALAGHI R, et al. Evaluating NDVI data continuity between SPOT-VEGETATION and PROBA-V missions for operational yield forecasting in north African countries [J]. IEEE transactions on geoscience and remote sensing, 2016, 54(2): 795-804.

[105] WALKER J J, DE BEURS K M, WYNNE R H, et al. Evaluation of Landsat and MODIS data fusion products for analysis of dryland forest phenology[J]. Remote sensing of environment, 2012, 117: 381-393.

[106] HANSEN M C, ROY D P, LINDQUIST E, et al. A method for integrating MODIS and Landsat data for systematic monitoring of forest cover and change in the Congo Basin[J]. Remote sensing of environment, 2008, 112(5): 2495-2513.

[107] JIA K, LIANG S L, WEI X Q, et al. Land cover classification of landsat data with phenological features extracted from time series MODIS NDVI data[J]. Remote sensing, 2014, 6(11): 11518-11532.

[108] GAO F, MASEK J, SCHWALLER M, et al. On the blending of the Landsat and MODIS surface reflectance: predicting daily Landsat surface reflectance[J]. IEEE transactions on geoscience and remote

sensing,2006,44(8):2207-2218.

[109] ZHU X L,CHEN J,GAO F,et al. An enhanced spatial and temporal adaptive reflectance fusion model for complex heterogeneous regions [J]. Remote sensing of environment,2010,114(11):2610-2623.

[110] DIERCKX W,STERCKX S,BENHADJ I,et al. PROBA-V mission for global vegetation monitoring:standard products and image quality [J]. International journal of remote sensing,2014,35(7):2589-2614.

[111] STERCKX S, BENHADJ I, DUHOUX G, et al. The PROBA-V mission:image processing and calibration[J]. International journal of remote sensing,2014,35(7):2565-2588.

[112] FRANCOIS M, SANTANDREA S, MELLAB K, et al. The PROBA-V mission:the space segment[J].International journal of remote sensing, 2014,35(7):2548-2564.

[113] SHIMABUKURO Y E,ARAI E,DUARTE V,et al. Discriminating land use and land cover classes in brazil based on the annual PROBA-V 100 m time series[J]. IEEE journal of selected topics in applied earth observations and remote sensing,2020,13:3409-3420.

[114] EERENS H, HAESEN D, REMBOLD F, et al. Image time series processing for agriculture monitoring[J]. Environmental modelling & software,2014(53):154-162.

[115] EERENS H, HAESEN D, REMBOLD F, et al. Image time series processing for agriculture monitoring[J]. Environmental modelling & software,2014,53:154-162.

[116] REMBOLD F,MERONI M,URBANO F,et al. Remote sensing time series analysis for crop monitoring with the SPIRITS software:new functionalities and use examples[J]. Frontiers in environmental science, 2015,3:46.

[117] FISCHER G, SHAH M, TUBIELLO F N, et al. Socio-economic and climate change impacts on agriculture: an integrated assessment, 1990—2080[J]. Philosophical transactions of the Royal Society of London, series B. biological sciences, 2005, 360(1463): 2067-2083.

[118] ZHANG F, ZHU X L, LIU D S. Blending MODIS and Landsat images for urban flood mapping[J]. International journal of remote sensing, 2014, 35(9): 3237-3253.

[119] KNAUER K, GESSNER U, FENSHOLT R, et al. An ESTARFM fusion framework for the generation of large-scale time series in cloud-prone and heterogeneous landscapes[J]. Remote sensing, 2016, 8(5): 425.

[120] HUANG C, CHEN Y, ZHANG S Q, et al. Surface water mapping from Suomi NPP-VIIRS imagery at 30 m resolution via blending with landsat data[J]. Remote sensing, 2016, 8(8): 631.

[121] LIU X L, BO Y C, ZHANG J, et al. Classification of C3 and C4 vegetation types using MODIS and ETM+ blended high spatio-temporal resolution data[J]. Remote sensing, 2015, 7(11): 15244-15268.

[122] SIMONNEAUX V, DUCHEMIN B, HELSON D, et al. The use of high-resolution image time series for crop classification and evapotranspiration estimate over an irrigated area in central Morocco[J]. International journal of remote sensing, 2008, 29(1): 95-116.

[123] SELLERS P J, RANDALL D A, COLLATZ G J, et al. A revised land surface parameterization (SiB2) for atmospheric GCMS. part Ⅰ: model formulation[J]. Journal of climate, 1996, 9(4): 676-705.

[124] LOBELL D B, ASNER G P, ORTIZ-MONASTERIO J I, et al. Remote sensing of regional crop production in the Yaqui Valley, Mexico: estimates and uncertainties[J]. Agriculture, ecosystems & environment, 2003,

94(2):205-220.

[125] KEMANIAN A R,STÖCKLE C O,HUGGINS D R,et al. A simple method to estimate harvest index in grain crops[J]. Field crops research,2007,103(3):208-216.

[126] TEWES A,THONFELD F,SCHMIDT M,et al. Using RapidEye and MODIS data fusion to monitor vegetation dynamics in semi-arid rangelands in South Africa[J]. Remote sensing,2015,7(6):6510-6534.

[127] BATTUDE M, AL BITAR A, MORIN D, et al. Estimating maize biomass and yield over large areas using high spatial and temporal resolution Sentinel-2 like remote sensing data[J]. Remote sensing of environment,2016,184:668-681.

[128] HAO P Y, WANG L, NIU Z, et al. The potential of time series merged from landsat-5 TM and HJ-1 CCD for crop classification: a case study for Bole and Manas counties in Xinjiang,China[J]. Remote sensing,2014,6(8):7610-7631.

[129] SIACHALOU S, MALLINIS G, TSAKIRI-STRATI M. A hidden Markov models approach for crop classification: linking crop phenology to time series of multi-sensor remote sensing data[J]. Remote sensing, 2015,7(4):3633-3650.

[130] HADRIA R,DUCHEMIN B,JARLAN L,et al. Potentiality of optical and radar satellite data at high spatio-temporal resolutions for the monitoring of irrigated wheat crops in Morocco[J]. International journal of applied earth observation and geoinformation,2010,12:S32-S37.

[131] DONG T F, LIU J G, QIAN B D, et al. Estimating winter wheat biomass by assimilating leaf area index derived from fusion of Landsat-8 and MODIS data[J]. International journal of applied earth observation and geoinformation,2016,49:63-74.

[132] IMMITZER M, VUOLO F, ATZBERGER C. First experience with sentinel-2 data for crop and tree species classifications in central Europe[J]. Remote sensing, 2016, 8(3): 166.

[133] DRUSCH M, DEL BELLO U, CARLIER S, et al. Sentinel-2: ESA's optical high-resolution mission for GMES operational services[J]. Remote sensing of environment, 2012, 120: 25-36.

[134] DELALIEUX S, ZARCO-TEJADA P J, TITS L, et al. Unmixing-based fusion of hyperspatial and hyperspectral airborne imagery for early detection of vegetation stress[J]. IEEE journal of selected topics in applied earth observations and remote sensing, 2014, 7(6): 2571-2582.

[135] LI Q Q, CHEN Y H, LIU M Y, et al. Effects of irrigation and planting patterns on radiation use efficiency and yield of winter wheat in North China[J]. Agricultural water management, 2008, 95(4): 469-476.

[136] MONTEITH J L. Solar radiation and productivity in tropical ecosystems [J]. Journal of applied ecology, 1972, 9(3): 747.

[137] ROSATI A, DEJONG T M. Estimating photosynthetic radiation use efficiency using incident light and photosynthesis of individual leaves [J]. Annals of botany, 2003, 91(7): 869-877.

[138] SINCLAIR T R, MUCHOW R C. Radiation use efficiency[M]// Advances in agronomy volume 65. Amsterdam: Elsevier, 1999: 215-265.

[139] O'CONNELL M G, O'LEARY G J, WHITFIELD D M, et al. Interception of photosynthetically active radiation and radiation-use efficiency of wheat, field pea and mustard in a semi-arid environment [J]. Field crops research, 2004, 85(2/3): 111-124.

[140] KINIRY J R, JONES C A, O'TOOLE J C, et al. Radiation-use efficiency in biomass accumulation prior to grain-filling for five grain-crop species[J]. Field crops research, 1989, 20(1): 51-64.

[141] DUCHEMIN B, MAISONGRANDE P, BOULET G, et al. A simple algorithm for yield estimates: evaluation for semi-arid irrigated winter wheat monitored with green leaf area index[J]. Environmental modelling & software, 2008, 23(7): 876-892.

[142] GARCIA R, KANEMASU E T, BLAD B L, et al. Interception and use efficiency of light in winter wheat under different nitrogen regimes [J]. Agricultural and forest meteorology, 1988, 44(2): 175-186.

[143] RUIMY A, SAUGIER B, DEDIEU G. Methodology for the estimation of terrestrial net primary production from remotely sensed data[J]. Journal of geophysical research: atmospheres, 1994, 99(D3): 5263-5283.

[144] ZHANG Y B, TANG Q Y, ZOU Y B, et al. Yield potential and radiation use efficiency of "super" hybrid rice grown under subtropical conditions [J]. Field crops research, 2009, 114(1): 91-98.

[145] CHENG Y B, ZHANG Q Y, LYAPUSTIN A I, et al. Impacts of light use efficiency and fPAR parameterization on gross primary production modeling[J]. Agricultural and forest meteorology, 2014, 189: 187-197.

[146] CHEN J, JÖNSSON P, TAMURA M, et al. A simple method for reconstructing a high-quality NDVI time-series data set based on the Savitzky-Golay filter[J]. Remote sensing of environment, 2004, 91(3/4): 332-344.

[147] DONG T F, MENG J H, SHANG J L, et al. Modified vegetation indices for estimating crop fraction of absorbed photosynthetically active radiation[J]. International journal of remote sensing, 2015, 36 (12): 3097-3113.

[148] PENG Y, GITELSON A A. Remote estimation of gross primary productivity in soybean and maize based on total crop chlorophyll

content[J]. Remote sensing of environment,2012,117:440-448.

[149] VIÑA A,GITELSON A A. New developments in the remote estimation of the fraction of absorbed photosynthetically active radiation in crops[J]. Geophysical research letters,2005,32(17):2005GL023647.

[150] MCCALLUM I,WAGNER W,SCHMULLIUS C,et al. Comparison of four global FAPAR datasets over Northern Eurasia for the year 2000[J]. Remote sensing of environment,2010,114(5):941-949.

[151] THORNTON P E, RUNNING S W, WHITE M A.Generating surfaces of daily meteorological variables over large regions of complex terrain[J]. Journal of hydrology,1997,190(3/4):214-251.

[152] LIU R G,LIANG S L,HE H L,et al. Mapping incident photosynthetically active radiation from MODIS data over China[J]. Remote sensing of environment,2008,112(3):998-1009.

[153] TAN L F,CHEN Y,JIA M Q,et al. Rice biomass retrieval from advanced synthetic aperture radar image based on radar backscattering measurement[J]. Journal of applied remote sensing,2015,9(1):097091.

[154]WU F,WANG C,ZHANG H,et al. rice crop monitoring in South China with RADARSAT-2 quad-polarization SAR data[J]. IEEE Geoscience and remote sensing letters,2011,8(2):196-200.

[155] CLOUDE S. Polarisation:applications in remote sensing[M]. Oxford, UK:Oxford University Press,2009.

[156] FREEMAN A,DURDEN S L. A three-component scattering model for polarimetric SAR data[J]. IEEE transactions on geoscience and remote sensing,1998,36(3):963-973.

[157] CLOUDE S R,POTTIER E. An entropy based classification scheme for land applications of polarimetric SAR[J]. IEEE transactions on geoscience and remote sensing,1997,35(1):68-78.

[158] GAO H, WANG C, WANG G, et al. A crop classification method integrating GF-3 PolSAR and Sentinel-2A optical data in the Dongting Lake Basin[J]. Sensors,2018,18(9):3139.

[159] 焦子锑,李小文,王锦地,等. 评估 MODIS 的 BRDF 角度指数产品[J]. 遥感学报,2011,15(3):432-456.

[160] 白冬妮,焦子锑,董亚冬,等. 双冠层反射率模型分析各向异性平整指数(AFX)对植被参数的敏感性[J]. 遥感学报,2017,21(1):1-11.